RKW-Edition

Herbert Lippmann, Anette Orth

Mit Produktmanagement Marktchancen nutzen

Ein Praxisratgeber für den Mittelstand

9., überarb. und erw. Auflage

Verlag Wissenschaft & Praxis

Bibliografische Information der Deutschen Bibliothek

Die Deutsche Bibliothek verzeichnet diese Publikation in der Deutschen Nationalbibliografie; detaillierte bibliografische Daten sind im Internet über http://dnb.ddb.de abrufbar.

Die ersten 8 Auflagen sind unter dem Titel „Marktchancen nutzen mit Produktmanagement – Ein Ratgeber für mittelständische Unternehmen" erschienen.

ISBN 978-3-89673-474-7

D-75447 Sternenfels, Nußbaumweg 6
Tel. 07045/930093 Fax 07045/930094

Printed in Germany

Vorwort

zur überarbeiteten und erweiterten 9. Auflage

Seit zwanzig Jahren bearbeiten wir alle Themen rund um Produktmanager-Organisationen, und es war keine Minute langweilig! Wir waren früh dabei, wie technische mittelständische Branchen begannen, sich für Produktmanagement zu interessieren. Von Anfang an gab es einen großen Bedarf an PM-spezifischen Qualifizierungsmaßnahmen für die überwiegend produktspezifisch ausgebildeten Produktmanager (PMs). Den gibt es noch immer, denn die Zahl der Unternehmen, die mit Produktmanager-Organisationen arbeiten, ist in diesen Jahren immer weiter angewachsen. Weit über 3.000 Produktmanager sind von unserem Team in allen Kenntnissen und Fähigkeiten trainiert worden, die ein erfolgreicher Produktmanager benötigt.

Heute setzt ein Großteil der Firmen mit umfangreichen Produkt-Portfolios auf Produktmanagement. Die dort etablierten PMs managen ihre Produkte "wie ein Unternehmer" über den gesamten Lebenszyklus hinweg. Wenn es richtig läuft, rechnet sich das neue Produktmanagement für jedes Unternehmen, weil Produktmärkte besser ausgeschöpft werden, weil sich mit innovativen Produkten neue Potenziale erschließen lassen und weil Ressourcen nutzbringend und ertragssteigernd eingesetzt werden.

Führungskräfte bemerken die positive Wirkung ihrer Produktmanager, weil diese aktiv oder sogar proaktiv handeln, weil sie initiativ sind und weil sie schnell und gezielt Veränderungen in den Produktmärkten aufnehmen und in geeignete Aktionen umsetzen.

An diesem Zielzustand arbeiten wir mit unseren Kunden. Dabei haben sich die Aufgabenstellungen in den letzten Jahren deutlich verändert. Heute arbeiten wir mit unseren kleineren und größeren mittelständischen Kunden an der internationalen oder gar globalen Erweiterung ihrer PM-Organisationen, an der Effizienz von deren Produktmanagement, an der Vereinheitlichung von Arbeitsmethoden, an der Lösung von Schnittstellenproblemen, die die Leistungsfähigkeit ihrer PM-Systeme behindern, und an der elektronischen Organisation des gesamten Wissens, das von den Produktmanagern beschafft und verwaltet wird.

Unverändert gilt, dass Führungskräfte in technischen Branchen oft keine eigenen Erfahrungen mit Produktmanager-Organisationen haben. Viele entwickeln eine nur vage Vorstellung von der Tätigkeit eines Produktmanagers. So gilt es für uns immer wieder, Leistungspotenziale in PM-Organisationen zu finden und zu heben, um so den Firmen den vollen

Nutzen ihrer Produktmanager-Organisation zu erschließen. Wenn dies gelingt, profitieren alle: Die PMs, denen neu justierte Aufgabeninhalte zusätzliche Gestaltungsmöglichkeiten eröffnen; die Mitarbeiter anderer Abteilungen, weil Produktmanagement besser vernetzt und reibungsloser funktioniert; der Vertrieb, weil er innovative, marktgerechte und fertig entwickelte Produkte erhält; das Unternehmen, weil es mit seinen Produkten erfolgreicher im Markt ist.

Unser gesammeltes Wissen aus vielen Beratungs-, Trainings- und Coachingprojekten haben wir für die neunte Auflage dieses Buches neu aufbereitet. Es soll Chefs, Führungskräfte und Mitarbeiter im Produktmanagement in die Lage versetzen, Produktmanager-Organisationen sowie Aufgaben und Arbeitsweisen eines Produktmanagers verstehen und optimieren zu können.

Der PM-Erfolg beruht gleichermaßen auf der fachlichen und sozialen Kompetenz sowie auf der PM-Persönlichkeit. Dieses Buch spricht alle drei Aspekte an. Für die fachliche Arbeit mit PM-Tools haben wir Checklisten und Übersichten ergänzt, die die Anwendung dieses Ratgebers weiter verbessern sollen. Das Verhalten eines Produktmanagers in der vernetzten Zusammenarbeit wird im Kapitel vier bearbeitet. Die Wichtigkeit dieses Themas bemerken wir in unseren Trainings, in denen wir etwa die Hälfte der Zeit für die Arbeit an der 'Manager'-Persönlichkeit und für das dazu passende Verhalten verwenden.

Unserem Partner, Diplom-Psychologen Hugo Maier, sowie unseren Team-Kolleginnen und -Kollegen sind wir dankbar für deren Mitarbeit an allen Themen und für die wertvollen Anregungen aus vielen Gesprächen und Diskussionen. Unseren besondern Dank richten wir dabei an Carmen Brenner-Zehnbauer für die geduldige Gestaltung von Grafiken, Tabellen und Texten, auch wenn wir immer wieder neue Änderungswünsche hatten.

Produktmanagement ist jetzt achtzig Jahre alt, aber diese Organisationsform hat noch einen langen Lebenszyklus vor sich, denn Produktvielfalt wird auch weiterhin ein wesentlicher Hebel bleiben, um die vielfältigen Wünsche der Zielgruppen optimal erfüllen zu können.

München, September 2008

Vorwort zur 2. Auflage

Immer mehr mittelständische Unternehmen arbeiten erfolgreich mit Produktmanagern. Seit der zweiten Hälfte der 80er Jahre sind besonders viele mittelgroße und hier insbesondere Investitionsgüterunternehmen zu Produktmanagerorganisationen übergegangen. Lange Zeit schien es so, als ob Produktmanagerorganisationen nur in großen Konsumgüterunternehmen sinnvoll angewendet werden könnten. Heute zeigt sich, dass ganz besonders mittelständische Unternehmen ein Umfeld bieten, in dem Produktmanager motiviert und nutzbringend arbeiten können. Dazu tragen vor allem folgende Rahmenbedingungen bei:

- wenig Hierarchieebenen
- kleine Entscheidungsgremien und die Möglichkeit, auch einmal direkt zum Chef zu gehen
- Entscheidungsschnelligkeit gepaart mit Risikobereitschaft
- Kundennähe
- Mitarbeitertreue; Erfahrung und Konstanz zählen mehr als schnelle Sprünge auf der Karriereleiter.

Produktmanagement ist allerdings keine problemlose Organisationsform. Aufbau und Eingliederung in bestehende Organisationen verursachen bei vielen Neuanwendern Probleme, die aber schnell überwunden werden können, wenn einige Grundsätze beachtet werden.

Unternehmen, die schon eine Zeit lang mit Produktmanagement arbeiten, vermuten oft zu Recht Leistungsreserven in ihrer Organisation. Vor allem in technischen Branchen liegt dies daran, dass im Produktmanagement vorzugsweise Fachspezialisten eingesetzt werden, die oftmals Wissenslücken im Marketing und in der Betriebswirtschaft haben. Die Ausbildungsinstitutionen liefern keine "fertigen" Produktmanager. Deshalb muss die Industrie ihre Mitarbeiter selbst qualifizieren und ihre Produktmanagerorganisationen firmenspezifisch optimieren.

Literatur hierfür ist seit zwanzig Jahren ausreichend vorhanden. Was fehlt, sind aktuelle praxisbezogene Hilfsmittel, mit denen der Unternehmer mit seinen Führungskräften sein Produktmanagement erfolgreich aufbauen oder optimieren kann. Diese Lücke wollen wir mit diesem Buch schließen.

Dass wir uns hierbei in erster Linie an die Hersteller von technischen Produkten wenden, hat etwas mit der Geschichte des Produktmanagement zu tun. Entwickelt wurde es bei Procter & Gamble in USA, also in der Konsumgüterindustrie. Dort wurde es dann schnell und intensiv genutzt, wobei die angewandten Methoden und Systeme ganz auf Massenmärkte mit Vertrieb über den Handel und auf die Belange von Großunternehmen zugeschnitten waren.

Die Vermarktung technischer Produkte hingegen unterscheidet sich hiervon in vielen Punkten. Hier ist die reibungslose Verbindung Kunde → Marketing ← F+E einer der wichtigsten Erfolgsfaktoren. Bei Mehrproduktunternehmen können Produktmanager eingesetzt werden, um diese verschiedenen Funktionen jeweils mit Blickwinkel auf ihr eigenes Produkt eng zu koordinieren. Sie können dabei eine gestalterische, ja sogar eine unternehmerische Rolle zum Nutzen der Firma übernehmen.

Auch für alle technisch orientierten Mehrproduktunternehmen ist Produktmanagement somit eine Antwort auf breiter werdende Sortimente, individuelle Kundenwünsche, kürzere Produkt- und Innovationszyklen und auf härter werdenden Wettbewerb. Es ist eine gute Lösung für noch mehr Markt- und Kundennähe.

Mit diesem Buch, in das all unsere praktische Erfahrung eingeflossen ist, wollen wir mittelständische Unternehmen erreichen, die sich für Produktmanagement erst interessieren und solche, die es bereits praktizieren. Angesprochen werden sowohl Leiter des Produktmanagements, die ein PM-Team aufbauen oder führen, als auch Produktmanager selbst, die interessiert sind, das Wesen dieser Organisation besser kennen zu lernen und die sich mit den Aufgaben eines professionell arbeitenden Produktmanagers vertraut machen wollen.

Im Interesse der guten Lesbarkeit haben wir die Fußnoten auf die wichtigsten Quellen beschränkt. Für den interessierten Leser ist ein umfangreiches Literaturverzeichnis auch mit weiterführender Literatur beigefügt.

Wir danken ganz besonders den Unternehmen mit denen wir Erfahrungen über Produktmanagement austauschen konnten. Wir danken aber auch unseren Sekretärinnen, die mit großem Engagement am Zustandekommen dieses Buches mitgewirkt haben.

München, März 1995

Inhaltsverzeichnis

1. Ist Produktmanagement für uns sinnvoll? 11

1.1 Was genau ist überhaupt Produktmanagement? 11

1.2 Produktmanager sind wirklich Manager und keine Sachbearbeiter 15

1.3 Produkt und Zielgruppe bilden eine Einheit 19

1.4 Könnte Produktmanagement auch für Ihr Unternehmen interessant sein? 21

1.5 Gibt es Optimierungsmöglichkeiten in Ihrem Produktmanagementsystem? 25

2. Wie baut man eine Produktmanager-Organisation auf? 29

2.1 Machen Sie die Einführung von Produktmanagement zur Chefsache 29

2.2 Auswahl der passenden Organisationsform 31

2.3 Lösungsmöglichkeiten für globales Produktmanagement 38

2.4 Aufgaben eines Produktmanagers 42

2.5 Produktmanager arbeiten stark vernetzt 52

2.6 Anforderungsprofil an einen PM 55

2.7 Wie sollen Produktmanager entlohnt werden? 57

2.8 Wie viele Produktmanager benötigt Ihr Unternehmen? 60

2.9 So führen Sie Produktmanagement erfolgreich in Ihrem Unternehmen ein 64

3. Wie kann der Produktmanager seine Marketing-Aufgaben erfolgreich bewältigen? 69

3.1 Welchen Marketing-Aufgaben sollte sich der Produktmanager widmen? 69

3.2 Wie werden realistische Produkt-Marketingpläne erarbeitet? ... 71

3.3 So entsteht eine solide Informationsbasis für die Produkt-Marketingplanung 85

3.4 Wie findet der Produktmanager zu der erfolgversprechendsten Strategie für sein Produkt? 108

3.5 So wird mit Hilfe der Marketing-Instrumente Ihre Produkt-Strategie konkret 117

3.6 Die Rolle des Produktmanagers bei der Realisierung 164

4. Welches Verhalten kennzeichnet erfolgreiche Produktmanager? 169

4.1 Managementtechniken für Produktmanager 169

4.2 Erfolgreicher Umgang mit anderen und mit Teams 172

5. Wie wird eine Produktmanager-Organisation erfolgreich geführt? 183

6. Resümee und Ausblick 189

Verwendete und weiterführende Literatur 191

Angaben zu den Autoren 195

1. Ist Produktmanagement für uns sinnvoll?

1.1 Was genau ist überhaupt Produktmanagement?

Produktmanagement ist eine Organisationsform, die besonders gut geeignet ist, den Wunsch nach marktorientierter Unternehmensführung zu verwirklichen. Voraussetzung ist, dass die Angebotspalette des Unternehmens unter Berücksichtigung aller Varianten einen Umfang erreicht hat, der Managementkapazität für einzelne Produkte, Produktgruppen oder Dienstleistungen rechtfertigt.

Unzweifelhaft ist heute Markt- und Kundenorientierung der maßgebliche Faktor für den Erfolg in wettbewerbsintensiven Käufermärkten. Nicht von ungefähr nehmen viele Unternehmen diese Denkhaltung in ihre Firmengrundsätze oder in ihr Unternehmensleitbild auf. So soll eine kundenorientierte Einstellung verhaltensbestimmend für alle Mitarbeiter werden. Dazu einige Beispiele:

Auszüge aus Firmengrundsätzen und Unternehmensleitbildern

Auszug aus den Unternehmensgrundsätzen der **Viessmann Werke** GmbH &Co KG, einem marktführenden Unternehmen im Bereich der Heiztechnik
----
" Wir sind ein unabhängiges Familienunternehmen, kooperieren mit unseren Kunden und Lieferanten partnerschaftlich und fair mit dem Ziel des beiderseitigen Erfolgs ... Wir sind ein verlässlicher Geschäftspartner. Unsere Produkte sind langlebig und zukunftssicher ... Wir bieten heiztechnische Produkte von Spitzenqualität. Wir streben nach Perfektion in allen Bereichen des Unternehmens ... Wir sind technologischer Schrittmacher und Impulsgeber unserer Branche ..."

Auszug aus der Philosophie der **HOMAG-Group**, dem weltweit führenden Anbieter von Maschinen, Fabrikanlagen für die plattenbearbeitende Möbel-, Bauelemente- und Fertighausindustrie

---

Zufriedene Kunden, zufriedene Mitarbeiter ... zufriedene Kapitalgeber

"Faire Partnerschaft ist das zentrale Leitmotiv der Homag Gruppe – eine umfassende, persönliche Betreuung der Kunden ist für uns eine Selbstverständlichkeit. Ihre Zufriedenheit und ihr Erfolg sind für uns das Maß aller Dinge. Ebenso wichtig: Zufriedene und dadurch motivierte Mitarbeiter, die sich mit dem Unternehmen identifizieren. Deshalb sind Kundenorientierung, kooperative Führung und Transparenz fest verankerte Grundsätze innerhalb der HOMAG Gruppe."

Weitere Beispiele aus firmeninternen Leitlinien

- "Wir bemühen uns stetig, die Bedarfe und Wünsche unserer Kunden immer besser kennen zu lernen"
- "Wir nehmen Kundenwünsche und Kundenanregungen ernst"
- "Wir binden unsere Marktpartner ein"
- "Wir sind immer bestrebt, unseren Kunden noch mehr Nutzen zu bieten"
- "Unsere Schnelligkeit und Flexibilität orientiert sich an den Kundenwünschen"

Wie schwer es anscheinend ist, solche Leitlinien dann auch tatsächlich mit Leben zu erfüllen, bemerken wir selbst als Kunden jeden Tag. Drei Dinge kann eine Firma tun, um Kundenorientierung zu einem wirklichen Wettbewerbsvorteil zu entwickeln:

1. Mit Mitarbeitern konsequent am Thema Kundenorientierung arbeiten: Nur wenn jedem Mitarbeiter bewusst ist, warum Kundenorientierung für Ihr Unternehmen so wichtig ist und dass die Kunden zum Kostbarsten gehören, was Ihr Unternehmen hat, dann ist die Bereitschaft vorhanden, bisheriges Verhalten zu verändern. Auf dieser Einstellung

aufbauend kann gemeinsam überlegt werden, was der Mitarbeiter allein oder er gemeinsam im Team tun kann, um die Kundenorientierung und vor allem die langfristige Kundenbindung zu fördern.

2. Sich regelmäßig der Beurteilung durch die Kunden stellen: Eigenbild und Fremdbild weichen erfahrungsgemäß häufig voneinander ab. Nicht alles, was wir tun und was wir kommunizieren kommt genau in der gewünschten Form bei den Kunden an. Deshalb ist es wichtig, die Beurteilung unserer Leistung aus Kundensicht zu kennen. Hier wird Handlungsbedarf schnell deutlich. Oft akzeptieren Mitarbeiter die Meinungen von Kunden, von Nichtkunden und vor allem von verlorenen Kunden leichter, als Vorgaben der Führung. Die Messlatte für die Qualität Ihrer Kundenorientierung liegt außerhalb des Unternehmens.

3. Interne Prozesse, Abläufe und Strukturen kundengerecht ausrichten: Organisation ist kein Selbstzweck sondern Mittel zum Zweck, um eine Leistungsfähigkeit sicher zu stellen, die wir uns zum Ziel nehmen, weil unsere Marktpartner sie von uns erwarten.

Nicht nur Konsumgüterunternehmen, sondern Unternehmen fast aller Branchen, insbesondere auch mit Investitionsgütern und technischen Produkten haben erkannt, dass sie mit gezieltem Marketing im Wettbewerb um die Kunden am besten bestehen können. Dabei wird ***Marketing*** heute als *marktorientierte Führung des Gesamtunternehmens vom Markt her* verstanden. Dies bedeutet, *dass sich alle betrieblichen Aktivitäten auf die Befriedigung vorhandener oder das Wecken neuer Wünsche der Zielgruppe(n) ausrichten sollen.* Kurzfristig müssen sich Herstellerunternehmen dabei an ihren heutigen Möglichkeiten orientieren. Infrastruktur und Arbeitsweise werden es wahrscheinlich nicht zulassen, jeden Kundenwunsch wirtschaftlich erfüllen zu können. Wichtig ist, dass man die Erwartungen seiner Zielgruppe(n) erfüllen kann. Mittelfristig aber sind Sie in der Lage jede sinnvolle Veränderung herbeiführen, die Ihre Leistungsfähigkeit für heutige und vielleicht auch für neue Zielgruppen verbessert. Gerade hier liegt der Wert der mittelfristigen marktorientierten Planung.

Neben der konsequenten Ausrichtung auf die Zielgruppen beinhaltet der Marketingbegriff drei Dimensionen:

Dimensionen des Marketing

Neben der konsequenten Marktorientierung gehören zwei weitere Aspekte zu einem erfolgreichen Marketing:

- Der gekonnte Einsatz der Marketing-Instrumente im Rahmen einer systematischen Marketingplanung, wozu methodisches Wissen und eine genaue Kenntnis der Marketing-Werkzeuge erforderlich sind.
- Eine für das Unternehmen passende Marketing-Organisation. Hierzu bieten sich folgende Alternativen an:
  * funktionale Marketingorganisation
  * Produktmanagement-Organisation
  * Kunden- oder Marktmanagement
  * Profitcenter- oder Unit-Organisation.

Produktmanagement ist also eine Möglichkeit, markt- und zielgruppenorientiertes Denken und Handeln in Unternehmen mit umfangreichen Produkt-Portfolios organisatorisch zu verankern. Vorteilhaft ist diese Organisationsform dort, wo der Sortimentsumfang nicht mehr von einem Marketing- bzw. Vertriebsverantwortlichen bewältigt werden kann, selbst dann nicht, wenn er über Assistenten verfügt.

Das "bessere" Produkt bzw. die "richtige" Leistung ist ein Haupterfolgsfaktor für alle Anbieter. Durch Produktmanager stellen Sie sicher, dass für die zielgruppengerechte Gestaltung ihres Leistungsangebotes ausreichend viel Managementkapazität zur Verfügung steht, indem einzelne Produktmanager (PM) Verantwortung für Produkte und die dazugehörigen Märkte sowie für das gesamte Produkt-Marketing übernehmen. Produktmanagement ist heute die meist angewandte Marketing-Organisationsform.

1.2 Produktmanager sind wirklich Manager und keine Sachbearbeiter

Legt man das heute gängige Managementverständnis zugrunde, dann kennzeichnen folgende Tätigkeiten die Aufgaben eines Managers:

Welche Managementaufgaben nimmt ein Produktmanager wahr?

Typische Managementaufgaben	Zutreffend für einen PM?
■ Entscheiden	√
■ Ziele setzen	z.T. mit entscheiden/Zielvereinbarung
■ Planen	√
■ Koordinieren	√
■ Kontrollieren	√
■ Führen	ggf. nur bei eigenen Mitarbeitern
■ Kommunizieren/Informieren	√
■ Motivieren	√
■ Organisieren	√
■ Repräsentieren	√

Ein Produktmanager nimmt alle typischen Managementaufgaben wahr. "Führen" trifft auf ihn jedoch nur dann zu, wenn er als PM ein Team mit ihm direkt unterstellten Mitarbeitern führt. Das ist bei ca. einem Drittel aller Produktmanager der Fall. Anderen Abteilungen/Stellen gegenüber kann er i.d.R. nichts anordnen, weil er keine Weisungsbefugnis besitzt. Er wird und muss zur Durchsetzung seiner Aufgaben andere Mittel einsetzen (siehe Kapitel 4.). Außer PMs gibt es auch andere Mitarbeiter, z.B. Projektleiter, die ohne hierarchische Macht führen müssen.

Eine amerikanische Definition sagt:
"Management means to work through other people".

Dies trifft auf den PM besonders gut zu, denn alle Aufgaben für sein Produkt kann er unmöglich alleine bewältigen. Er braucht die Mitarbeit anderen Abteilungen und Stellen. Dazu muss er diese aktivieren, motivieren, einbinden, koordinieren, informieren, überzeugen und auch kontrollieren.

Entstehung und Verbreitung des Produktmanagements

1928	Erster PM-Einsatz bei Procter & Gamble in den USA zur Einführung einer neuen Seifenmarke (offizielle Bezeichnung: "brand-manager")
1939	Procter & Gamble verfügt über ein voll ausgebautes System mit 18 brand-managern
Mitte 50er Jahre	Produktmanagement setzt sich in den USA durch
Anfang 60er Jahre	Erste Produktmanagement-Organisationen in der Bundesrepublik Deutschland bei Tochtergesellschaften amerikanischer Firmen
Ende 60er Jahre	85 % aller Großunternehmen der Konsumgüterindustrie in den USA haben Produktmanagement installiert
Ende 60er Jahre	Deutsche Konsumgüter-Großunternehmen entdecken das Produktmanagement
80-/90er Jahre	Produktmanagement setzt sich in Deutschland als leistungsfähige, marktorientierte Organisationsform auch im Investitionsgüter- und Dienstleistungsbereich durch und dies besonders in den mittelständischen Unternehmen
Ab 2000	Die meisten technischen Branchen haben jetzt Produktmanager-Organisationen etabliert. Neue Herausforderungen stellen sich mit der weltweiten Ausrichtung der PM-Organisationen.

In der Entstehungsphase und heute noch in der Konsumgüterindustrie lag der Aufgabenschwerpunkt der Produktmanager in der Planung und Umsetzung eines produktbezogenen Marketing mit den Schwerpunkten auf Werbung und Verkaufsförderung. Dieses enge Produktmanager-Verständnis wird aber in technisch orientierten Unternehmen kaum angewandt. Hier kommen weitere Aufgaben für einen Produktmanager hinzu:

- Anpassung von Leistungen an kundenspezifische Bedürfnisse
- Neuprodukt-Marketing in enger Zusammenarbeit mit Forschung und Entwicklung, Anwendungstechnik und Qualitätswesen
- Produkttechnische Vertriebsunterstützung, z.T. sogar eigene Vertriebstätigkeit.

Kurz formuliert: Der Produktmanager trägt unternehmerische Verantwortung für sein Produkt

- Der PM soll sich als "Unternehmer" für sein Produkt fühlen und sich auch so verhalten
- Der PM managt jegliche Belange, die den Erfolg seiner Produkte fördern oder auch behindern
- Der PM arbeitet dazu eng mit den jeweiligen Fachabteilungen, mit Tochterunternehmen und mit externen Partnern zusammen. Dies sind echte Managementaufgaben
- Der PM erfüllt eine Querschnittsfunktion, die produktbezogen Schnittstellen zu allen anderen Unternehmensfunktionen bzw. Abteilungen haben kann.

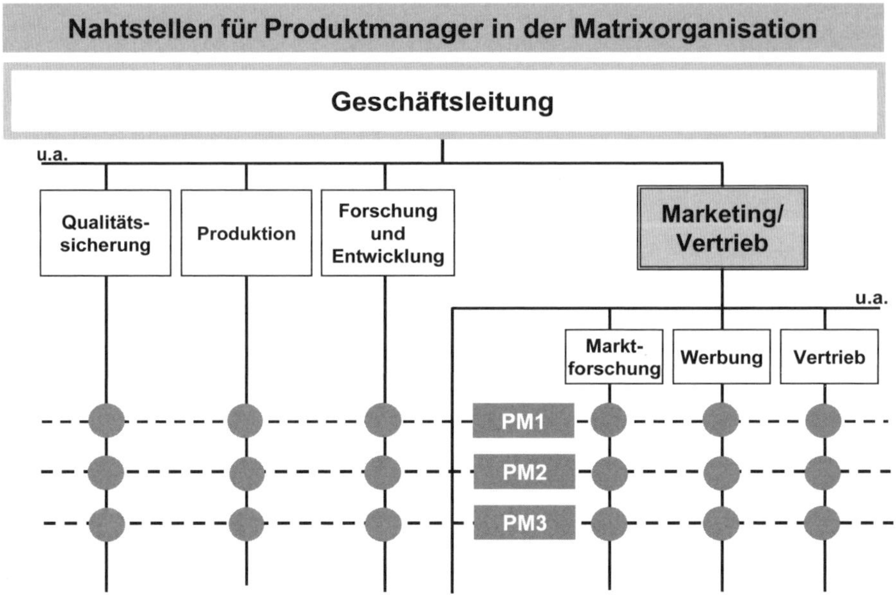

Bei diesem weiter gefassten Produktmanager-Verständnis wird schnell deutlich, dass die Einführung von Produktmanagement Konsequenzen für alle Funktionen im gesamten Unternehmen hat.

Auch wenn die PMs meistens dem Marketing- und Vertriebsbereich zugeordnet werden, nehmen sie ihre Managementaufgaben doch im gesamten Unternehmen wahr. Über diese neuen Schnittstellen sollten sich vor allem die Abteilungsleiter außerhalb der Marketing-/Vertriebsabteilung bewusst werden, denn auch sie werden direkt von der Tätigkeit der PMs betroffen sein.

Die Bezeichnung "**P**rodukt-**M**anager" wurde deshalb zu Recht gewählt. Ein PM nimmt für sein Produkt oder für seine Produktgruppe echte Managementaufgaben wahr. Er wird meist dem mittleren Management zugerechnet.

1.3 Produkt und Zielgruppe bilden eine Einheit

Es gibt Unternehmen, die Produktmanagement nur als eine innenorientierte Funktion verstehen, weil sich der PM um alle Belange **seines Produktes** im gesamten Unternehmen zu ”kümmern” habe. Zugegeben, der Begriff verleitet zu einer solchen Sichtweise.

Wenn wir von "Produktmanagement" sprechen, dann meinen wir damit aber nicht nur die unternehmensintern koordinierenden Aufgaben, denn der Markterfolg eines Produktes wird schließlich nicht allein davon bestimmt. Viel mehr hängt er doch davon ab, wie gut dieses Produkt allein oder im System den Bedürfnissen und Wünschen der Zielgruppe entspricht bzw. wie gut es deren Probleme löst. Wenn sich Zielgruppenprobleme oder -wünsche ändern – was ja immer häufiger geschieht – dann sind Anpassungen erforderlich. Wer solche Änderungen frühzeitig erfasst und Anpassungen schnell in seiner Produktstrategie umsetzt, der gewinnt Vorsprung vor der Konkurrenz und die besondere Aufmerksamkeit der Kunden. Erfolgreiche Produktmanagertätigkeit ohne Außenorientierung auf seine Zielgruppe ist undenkbar, denn Produkt und Zielgruppe bilden eine Einheit.

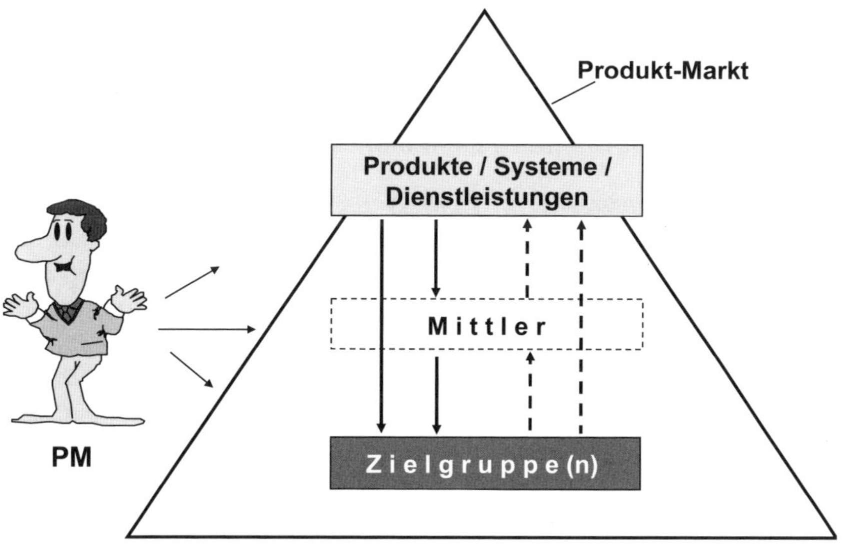

Zwischenresümee zum Wesen des Produktmanagements:

→ Produktmanagement ist die heute dominierende Marketing-Organisationsform (Matrix-Organisation) für Unternehmen mit breiten Produkt-Portfolios

→ Der PM ist "der Unternehmer" für sein Produkt über dessen gesamten Lebenszyklus hinweg (Lebenszyklus-Manager)

→ Vom Ursprungsgedanken her entlastet er die Marketing- bzw. Vertriebsleitung, indem er produktbezogen das mittel- und kurzfristige Marketing für sein Produkt übernimmt

→ Die Aufgabe umfasst inzwischen aber mehr. Ein PM managt alle Belange seines Produktes in Zusammenarbeit mit den jeweiligen Fachabteilungen, mit Tochterunternehmen und auch mit externen Partnern

→ Er soll Markterfolge mit seinem Produkt erzielen und dabei dessen Ertragskraft stärken. Dazu gehört die Bereitstellung und Vermarktung innovativer Produkte

→ Er hat echte Managementaufgaben, auch wenn er keine Weisungsbefugnisse anderen Abteilungen gegenüber besitzt. Sein Erfolg basiert auf Fachkompetenz (bester Kenner seines Produktmarktes), auf personaler Autorität sowie auf kooperativen Managementtechniken (vgl. Kapitel 4.).

Diesen Grundgedanken hat Richard Handscombe schon sehr früh in einer heute noch voll zutreffenden Definition schön zusammengefasst:

> *"**Product management** is defined as the dedicated management of a specific product or service to increase its profit contribution from current and potential markets, in both the long and short term, above that which would otherwise be achieved by means of traditional approaches to the management of territorial sales activity, marketing and product development. Effective product management is a practical, purposeful and positive approach to improving company results through the efforts of a competent and committed team coordinating and progressing the development, manufacture, marketing, sales and sales support of a strategically important group of products."*
>
> *(vgl. Handscombe, 1989, S. 1)*

Anders als ein Projektmanager, der diese Aufgabe zeitlich begrenzt wahrnimmt, bis das Ziel seines Projektes erreicht ist, ist die Aufgabe eines Produktmanagers auf Dauer angelegt. Bestenfalls betreut er seine Produkte über den gesamten Lebenszyklus hinweg, so dass auch der Begriff 'Lebenszyklusmanager' angebracht wäre.

Produktmanager können in verschiedenen Erscheinungsformen auftreten:

Erscheinungsformen im Produktmanagement

Produktgruppen-manager:	Verantwortlich für eine Gruppe von Produkten oder für Teilsortimente; ihm können PMs unterstellt sein
Category Manager:	Verantwortlich für eine Warengruppe, die sich an Endverbraucher-wünschen orientiert. Beispiel: Baby Care Center. Umfasst meist Ein- und Verkauf. Anwendung primär im Handel
Produktmanager:	Der verantwortliche Manager eines Produktes oder einer homogenen Produktgruppe
brand-manager:	Ein Produktmanager, dessen Produkte unter einer Marke vertrieben werden. Er übernimmt zusätzlich Markenverantwortung (Beispiel: Persil)
Juniorprodukt-manager:	Einstiegsposition in das Produktmanagement, arbeitet einem erfahrenen PM zu. Kann bereits teilweise Produktverantwortung übernehmen
Neuprodukt-manager:	Speziell verantwortlich für das Erschließen neuer Produktbereiche. Er übernimmt das Finden, Entwickeln und die Markteinführung neuer Produkte
Länder-Produktmanager:	In internationalen PM-Organisationen meist bei einer Vertriebsgesellschaft verantwortlich für landesspezifische PM-Aufgaben. Arbeitet mit PMs in der Zentrale zusammen
Part-Time PM:	Mitarbeitern, die neben PM noch eine andere Funktion haben, fehlt oft die Kapazität für alle Produkt-Markt-Aufgaben

1.4 Könnte Produktmanagement auch für Ihr Unternehmen interessant sein?

Nachdem Sie sich mit dem Wesen des Produktmanagements etwas vertraut gemacht haben, könnte sich – wenn Sie heute noch nicht mit Produktmanagement arbeiten – für Sie die Frage stellen, ob dies eine vorteilhafte Organisationsalternative auch für Ihr Unternehmen sein könnte. Überprüfen Sie Ihre Situation am besten mit nachfolgender Checkliste. Entscheiden Sie zu jedem einzelnen Punkt, ob er auf die heutige Situation in Ihrem Unternehmen eher zutrifft oder nicht zutrifft.

Checkliste für Firmen, die Produktmanagement noch nicht anwenden - 1 -

Checkpunkte	trifft zu	trifft nicht zu
1. Unsere Kundenwünsche sind vielfältiger geworden, deshalb haben wir unser Sortiment immer weiter verbreitert.		
2. Mit unseren Produkten beliefern wir unterschiedliche Abnehmergruppen/Zielgruppen.		
3. In den von uns bearbeiteten Produktteilmärkten haben wir es mit unterschiedlichen Wettbewerbern zu tun.		
4. Wir haben mehr als 500 Varianten in unserer Preisliste.		
5. Unser Marketing- bzw. Vertriebsleiter kann sich nicht mehr intensiv um die Erfolge aller Produkte kümmern.		
6. Mit neuen und verbesserten Produkten sehen wir in unseren Produktmärkten weitere interessante Wachstumsmöglichkeiten.		
7. Wenn sich jemand intensiver darum kümmern würde, könnte auch die Ertragskraft unserer Produkte noch gesteigert werden.		
8. Wenn wir wichtige Produktentscheidungen treffen, fühlen wir uns aufgrund fehlender oder lückenhafter Informationen oft unsicher.		
9. Unsere Flexibilität mit produktbezogenen Maßnahmen schnell auf Veränderungen im Markt zu reagieren, könnte noch besser sein.		
10. Unsere Produktentwicklungen werden oft inhaltlich verändert, weil in der Entwicklungsphase immer wieder neue Markterkenntnisse hinzukommen.		

Checkliste für Firmen, die Produktmanagement noch nicht anwenden - 2 -

Checkpunkte	trifft zu	trifft nicht zu
11. Bei der Markteinführung neuer Produkte entsteht bei uns oft Zeitdruck und Hektik.		
12. In den letzten Jahren haben wir innovative Produkte eingeführt, die aber nicht den erhofften Markterfolg hatten.		
13. Bei uns fühlt sich außer der Leitung niemand so richtig für den Erfolg der einzelnen Produkte verantwortlich.		
14. Jede Abteilung arbeitet an Produkten im Rahmen ihrer Aufgaben. Übergreifende Koordination zur Verbesserung des Produkterfolges erfolgt kaum.		
15. Unser Vertrieb tut sich bei kundenspezifischen Entwicklungen schwer, alle bei uns betroffenen Stellen/Abt. zu koordinieren.		
16. Teilweise ist unser Leistungsangebot zu umfangreich; eine systematische Sortimentsbereinigung findet nicht regelmäßig oder nicht konsequent genug statt.		
17. Unser Vertrieb könnte erfolgreicher verkaufen, wenn er gute Argumentationslisten hätte oder öfters produktspezifisch geschult würde.		
18. Manche Verbesserungs- oder Entwicklungsidee unserer Kunden wird leider nicht konsequent weiterverfolgt und versandet.		
19. Wir verfügen noch nicht über Produkt-Marketingpläne, in denen die produktbezogenen Arbeiten mind. ein Jahr vorgedacht sind.		
20. Unsere Leitung kommt wenig dazu, kreative Zukunftsstrategien für wichtige Produkte allein oder im Team in Ruhe zu durchdenken.		

Auswertung:

Wenn mindestens sechs dieser Aussagen auf Ihr Unternehmen zutreffen, sollten Sie Produktmanagement als alternative Organisationsform unbedingt in Erwägung ziehen und prüfen, welche Vorteile Produktmanagement Ihrem Unternehmen bringen kann.

Eine weitere Entscheidungshilfe für Sie könnte sein, dass heute fast die gesamte Wirtschaft Produktmanager-Systeme anwendet. Die Eignung von PM-Organisationen zur Lösung produktpolitischer Aufgaben wird von Unternehmen als 'sehr hoch' bewertet.

Die bei einer Unternehmensbefragung im Jahr 1997 erwartete "steigende" oder "stark steigende" Bedeutung des Produktmanagements ist mittlerweile eingetreten. Heute gibt es von ganz wenigen begründbaren Ausnahmen abgesehen keine Branchen oder Unternehmensgrößen, die nicht mit Produktmanager-Organisationen arbeiten. Erhebungen der Marketing Consult GmbH bei Führungskräften im Jahr 2007 bestätigt, wie nützlich Produktmanager ihren Firmen sind:

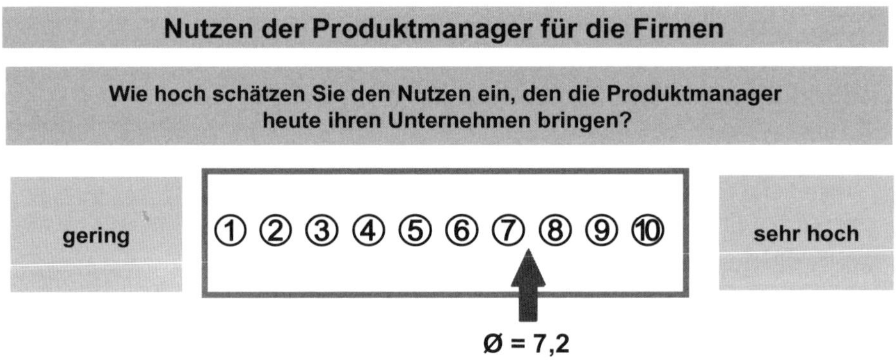

Quelle: Produktmanager-Befragung 2007 der Marketing Consult GmbH

Der Nutzen etablierter Produktmanager wird von den Führungskräften wahrgenommen und positiv beurteilt. Die Einschätzung zeigt aber auch, dass bestehende PM-Organisationen in der Regel noch ein deutliches Verbesserungspotenzial haben.

1.5 Gibt es Optimierungsmöglichkeiten in Ihrem Produktmanagementsystem?

Unternehmen, die bereits mit Produktmanagement arbeiten, machen nicht selten die Erfahrung, dass es eine ganze Weile dauert, bis diese neue Organisationsform ihre volle Leistungsfähigkeit zum Nutzen des Unternehmens entwickelt hat. Nach unserer Erfahrung sind dazu mindestens drei Jahre notwendig.

Manche Firmen bleiben mit ihrem Produktmanagement auf einer mittleren oder gar niedrigen Entwicklungsstufe stehen. Hier gelingt es offensichtlich nicht, die Barrieren zu überwinden, die dort ein wirklich leistungsfähiges Produktmanagement behindern. Manchmal ist den Entscheidern auch gar nicht bewusst, welchen Nutzen konsequentes Produktmanagement ihren Firmen eigentlich bringen könnte, weil ihnen Erfahrungen mit dieser Organisationsform fehlen.

Auf welcher Entwicklungsstufe das Produktmanagement in Ihrem Unternehmen steht und ob es noch Optimierungsmöglichkeiten gibt, können Sie anhand der nachfolgenden Checkliste selbst herausfinden. Überlegen Sie, ob Sie bei den einzelnen Fragen – bezogen auf Ihre heutige Situation – mit ‚eher ja‘ oder ‚eher nein‘ antworten wollen.

Checkliste für Firmen, die bereits mit Produktmanagement arbeiten - 1 -

Fragen	eher ja	eher nein
1. Hilft Ihnen die Arbeit der Produktmanager bei der zielorientierten Führung Ihres Unternehmens?		
2. Ist seit der Einführung des Produktmanagements die Transparenz und Planbarkeit Ihrer Produktmärkte spürbar besser geworden?		
3. Sind Ihre Produktmanager für die ihnen anvertrauten Produkte Marktspezialisten geworden?		
4. Empfinden Sie selbst Ihre Produktmanager als unternehmerisch denkende und handelnde Manager?		
5. Kämpfen Ihre Produktmanager um Budgets und Kapazitäten für Ihre Produkte?		
6. Können sich Ihre Produktmanager für die Belange ihrer Produkte in Ihrem Unternehmen durchsetzen?		
7. Arbeitet fallweise auch die Unternehmensleitung mit den Produktmanagern direkt zusammen?		
8. Gibt es eine klare Einordnung der PM-Positionen mit Aufgaben-/Stellenbeschreibungen für Ihre Produktmanager?		
9. Kennen alle Abteilungen und Stellen im Haus die Rollen der Produktmanager, sowie deren Aufgaben, Verantwortungen und Kompetenzen?		
10. Ist es eher die Ausnahme, wenn Ihre Produktmanager einmal über zu viele Störungen in der täglichen Arbeit klagen?		

Checkliste für Firmen, die bereits mit Produktmanagement arbeiten - 2 -

Fragen	eher ja	eher nein
11. Sind Ihre Produktmanager "Unternehmer" für Ihre Produkte; bewegen sie spürbar etwas?		
12. Weiß jeder Produktmanager, woran seine Arbeitsleistung gemessen wird?		
13. Werden Ihre Produktmanager erfolgsorientiert entlohnt?		
14. Beherrschen Ihre Produktmanager sowohl die notwendige Produkttechnologie als auch das Marketing und die kaufmännische Seite?		
15. Unterstützt Ihr Vertrieb das Produktmanagement aktiv mit Kunden- und Wettbewerbsinformationen?		
16. Informieren und schulen umgekehrt die Produktmanager produktbezogen den Vertrieb?		
17. Suchen Ihre Produktmanager selber aktiv den Kontakt zum Kunden?		
18. Können Sie selbst jederzeit Markt- und Produktdaten für wichtige Entscheidungen aus Ihrem Produktmanagement abrufen?		
19. Haben Sie den Eindruck, dass es Ihren Produktmanagern gelingt, bereichsübergreifende Problemstellungen in Teams zu lösen?		
20. Spüren Sie bei Ihren PM eine gewisse Zufriedenheit, die erwarten lässt, dass sie diese Funktion noch längere Zeit wahrnehmen wollen?		

Auswertung: Anzahl der "eher-Ja-Antworten"

bis 5: Sie befinden sich mit Ihrem Produktmanagement noch in der Aufbau-Phase. Erste Nutzen lassen sich erkennen, aber es besteht noch großer Handlungsbedarf, um die Leistung der PM-Organisation zu steigern.

8 - 13: Sie haben ein brauchbares Produktmanagement. Manche Vorteile dieser Organisationsform sind bei Ihnen bereits wirksam geworden. Es existieren aber noch spürbare Optimierungsmöglichkeiten und Effizienzreserven.

ab 16: Ihr Produktmanagement arbeitet nahezu perfekt. Wesentliche Vorteile, die das Produktmanagement bieten kann, kommen Ihrem Unternehmen bereits zugute. Dies müsste sich auch in der Entwicklung Ihrer Schlüsselprodukte und in Ihrer Erfolgsrechnung positiv bemerkbar machen.

2. Wie baut man eine Produktmanager-Organisation auf?

2.1 Machen Sie die Einführung von Produktmanagement zur Chefsache

Der Produktmanager hat durch seine spezifischen Aufgaben viele Schnittstellen im gesamten Unternehmen. Als Manager seiner Produkte soll er überall und immer dann aktiv werden, wenn es um den Erfolg seiner Produkte geht.

Diese produktbezogene Verantwortung in Verbindung mit einer bereichsübergreifenden Koordination ist für rein funktional gegliederte oder streng hierarchisch aufgebaute Unternehmen neu und ungewohnt. Deshalb verursacht die Eingliederung von Produktmanagement in bestehende Organisationen oft Probleme. Es ist ratsam, den Boden für eine solche Organisationsänderung gut vorzubereiten. Vor allem in mittelständischen Unternehmen ist hier der Chef selbst gefordert, geht es doch darum, die neu zu schaffenden Aufgaben der Produktmanager festzulegen und gleichzeitig zu regeln, wer welche Tätigkeiten abgibt bzw. wer in Zukunft wie mit den Produktmanagern in welcher Form zusammenarbeiten wird.

Zu allererst sollte es deshalb zu einer klaren Meinungsbildung in der Unternehmensleitung kommen.

Worüber sich die Unternehmensleitung klar werden muss

- Haben uns die Vorteile von Produktmanagement im Vergleich mit alternativen Organisationsformen überzeugt?

- Wollen wir wirklich "Manager" in dieser Funktion einsetzen? Sind wir bereit, diesen in unserer Organisation neuen Stellen tatsächlich produktbezogene Verantwortung und die dazugehörende Zuständigkeit zu geben? Oder suchen wir eher "das Mädchen für alles", den produktbezogenen ”Kümmerer”, der ”wie ein Assistent” Produktaktivitäten nach unseren Vorstellungen abarbeitet?

- Trauen wir uns zu, in Zukunft mit einer Organisation zu arbeiten, die nicht mehr voll in unser bisheriges Hierarchiegefüge passt?

- Sind wir und unsere Abteilungsleiter willens, eine bereichsübergreifende Koordination aller Produktaktivitäten im Sinne einer schlanken Organisation zu akzeptieren?
- Sind wir außerdem bereit, bestehende Organisationsstrukturen und Prozesse, gegebenenfalls auch gegen Widerstände, zu verändern?
- Bin ich als Unternehmer/Geschäftsführer gewillt, zukünftig in alle produktbezogenen Entscheidungen auch die zuständigen Produktmanagern hinzu zu ziehen, auch wenn sie mir vielleicht nicht direkt unterstehen?

Antworten auf diese Fragen werden Ihnen zu einer fundierten Entscheidung über die Einführung von Produktmanagement verhelfen. Sie sollten eine Umorganisation nur dann angehen, wenn Sie alle diese Fragen für sich voller Überzeugung mit "ja" beantwortet haben.

Wenn dann das Organisationskonzept (vgl. Punkt 2.2) sowie die Stellenbeschreibung (vgl. Punkt 2.4) erarbeitet sind, ist zu überlegen, welche fachlichen und beruflichen Voraussetzungen Ihre zukünftigen Produktmanager mitbringen sollen.

Zwei Alternativen bei der Besetzung neuer PM-Positionen:

1. Sie setzen *Fachspezialisten* ein, die Ihre Technologien kennen und die deshalb über das notwendige Produktfachwissen verfügen. Dann müssen eventuelle Defizite im Marketing und in der Betriebswirtschaft mit Hilfe von Qualifizierungsmaßnahmen gezielt abgebaut werden.
2. Sie setzen *Betriebswirte/Marketingspezialisten* als Produktmanager ein, denen das notwendige Produktwissen firmenintern vermittelt werden muss.

Bei technischen Produkten wird meist die erste Alternative bevorzugt.

Da es nur ganz wenige Berufsausbildungen für technische Produktmanager gibt, übernehmen es in der Regel die Unternehmen selbst, die jeweils notwendigen Qualifikationen im Rahmen der Weiterbildung firmenspezifisch zu ergänzen.

Eine wichtige Führungsaufgabe beim Aufbau von Produktmanagement besteht darin, dieses neue Aufgabenfeld im Unternehmen richtig zu positionieren. Während im Großunternehmen Produktmanagement meist als Karrierefunktion für jüngere Mitarbeiter gesehen wird, die man zur Qualifikation für "höhere Aufgaben" möglichst schnell durchlaufen muss, sollten mittelständische Unternehmen, eine längerfristige Konstanz in der Produktbetreuung anstreben. Die flachen Organisationen im Mittelstand lassen mehrere Karriereschritte im Produktmanagement auch gar nicht zu. Ein Hilfsmittel ist, orientiert an Erfahrung und Verantwortungsumfang, die Unterscheidung nach Junior-PM, Produktmanager und Senior-PM. Immer geht es aber darum, PM-Funktionen so attraktiv zu gestalten, dass Mitarbeiter sie auch längere Zeit mit Freude innehaben wollen.

In vielen Unternehmen akzeptieren die Mitarbeiter diese Situation. Sie sehen in dieser Position Herausforderung und Chance zugleich, mit ihrem Produkt zu wachsen. Vor allem Produktmanager für Investitions- und Gebrauchsgüter stufen ihre Aufgabe als "eher längerfristig" ein (vgl. Marketing Consult, 2006; S. 19 ff.). Die durchschnittliche Verweildauer im Produktmanagement liegt bei etwas über sieben Jahre. Dazu passt das seit Jahren konstante Durchschnittsalter von Produktmanagern von ca. 36 Jahren, das wir in unseren PM-Trainings ermittelt haben.

Die Vorteile für Mitarbeiter und Unternehmen liegen auf der Hand: Durch langjährige Produkterfahrung wird der PM zum echten Produkt-Markt-Spezialisten. Mit dieser Kompetenz wird er von anderen Funktionsinhabern akzeptiert, wodurch seine Durchsetzungsfähigkeit wächst. Das Produktmanagement kann so seine volle Leistungsfähigkeit zum Nutzen des Unternehmens immer besser entfalten.

2.2 Auswahl der passenden Organisationsform

Die Form der organisatorischen Verankerung des Produktmanagements innerhalb des Unternehmens beeinflusst ganz wesentlich die Leistungsfähigkeit Ihrer Produktmanager-Organisation. Eine spezielle Schwierigkeit mit PM-Organisationen liegt darin, dass ganz verschiedene Zwecke mit einer Organisationsform erreicht werden sollen, nämlich

- Sicherheit und Schnelligkeit in der Funktionserfüllung
- Förderung kreativer und innovativer Prozesse und
- produktbezogene funktionsübergreifende Querkoordination.

Schon seit jeher sehen Unternehmen die größten Nachteile des Produktmanager-Systems in den organisatorischen Problemen (vgl. Kreuz, 1975, S. 252). Heute haben sich jedoch Organisationslösungen herauskristallisiert, die mit Erfolg angewendet werden.

In diesem Zusammenhang sei angemerkt, dass es bei Organisationsfragen generell keine "richtigen" oder "falschen" Lösungen gibt, sondern nur Organisationsalternativen, die für ein bestimmtes Unternehmen und dessen Zielsetzung besser oder weniger gut geeignet sind.

Speziell bei Produktmanager-Organisationen sollte bedacht werden, dass die **Aufbauorganisation** ("Kästchen" im Organigramm) allein nicht alle Belange regeln kann. Sie legt lediglich die Struktur und damit die Eingliederung des Produktmanagements in die Firmenorganisation fest. Wie die Aufgaben durch die Produktmanager im einzelnen erfüllt werden und wie der Querkoordinationsprozess gestaltet werden soll, das erfordert zusätzliche Regelungen, die im Rahmen der **Ablauf- oder Prozessorganisation** geschaffen werden müssen.

In welcher Form können nun Produktmanager in eine Organisation eingegliedert werden? Hier die grundsätzlichen Möglichkeiten im Überblick.

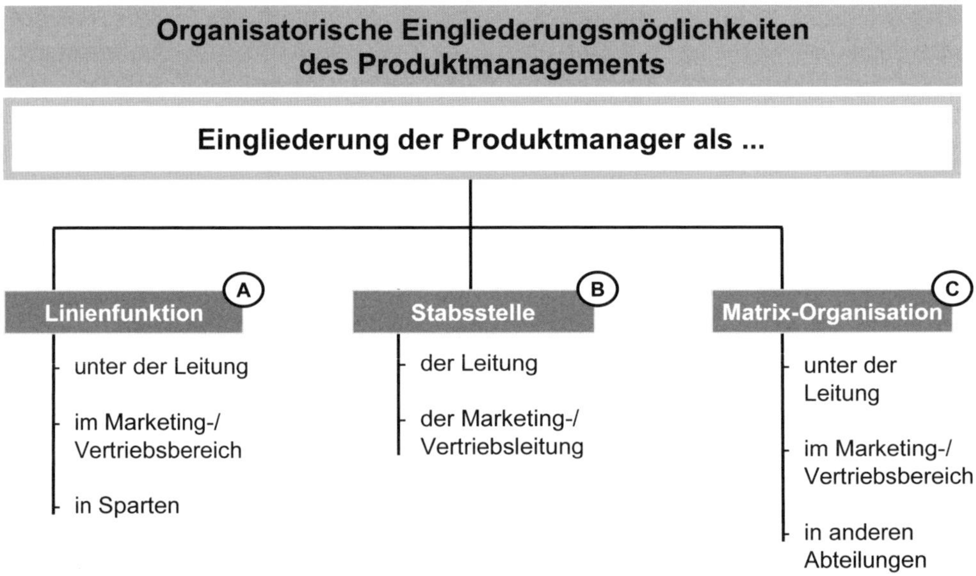

zu A: Produktmanagement als Linienfunktion

Konsequent gehandhabte Linienorganisationen funktionieren nach dem 'Dienstweg-Prinzip'. Direkte Verbindungen zwischen einzelnen Stellen sind nur entlang der Verbindungslinien im Organigramm erlaubt. Dies ist beim Militär und vielleicht bei Behörden sinnvoll. Unternehmen, die sich bei Marktveränderungen rasch und flexibel verhalten wollen, würden dadurch gebremst. Ganz streng werden Linienorganisationen heute deshalb kaum angewendet. Durch parallel betriebenes Projektmanagement werden die Grenzen zusätzlich aufgeweicht. Es gibt jedoch Unternehmen, die gerne an festen Strukturen und am Dienstweg festhalten.

Als einzige praktikable Form einer Linienorganisation kommt das Produktmanagement als Linienfunktion direkt unter der Unternehmensleitung in Betracht. Bei dieser Organisationsform stehen die Produktmanager gleichberechtigt neben den Leitern der Hauptfunktionsbereiche. Entlang "der Linie" können die Produktmanager direkt mit den Leitern aller Abteilungen zusammenarbeiten. Kontakte zu deren Mitarbeitern wären – in der reinen Linienorganisation – streng genommen nicht zulässig. Dies erschwert die tägliche Zusammenarbeit.

Produktmanagement als Linienfunktion unter der Geschäftsleitung

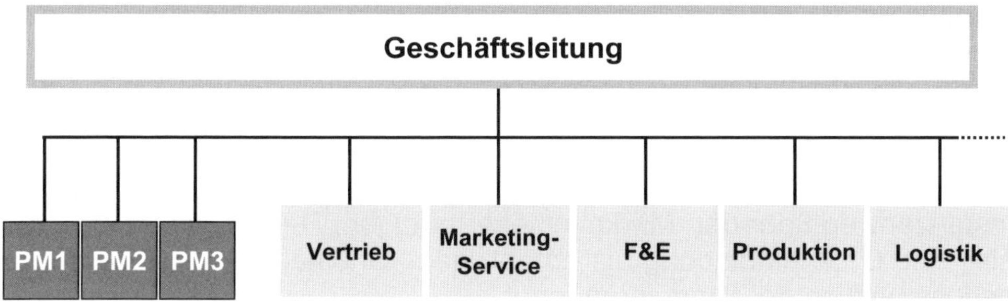

Die Produktmanager haben direkten Zugang zur Unternehmensleitung. Dies führt vom Status her zur höchst möglichen Einordnung in die Unternehmenshierarchie. Damit wird von der Leitung zum Ausdruck gebracht, welchen hohen Stellenwert sie dem Produktmanagement beimisst. Die Voraussetzungen für die Durchsetzungsfähigkeit sind somit optimal.

Fraglich ist jedoch, ob sich die Geschäftsleitung kapazitätsmäßig in der Lage sieht, neben den unterstellten Hauptabteilungen auch noch mehrere Produktmanager direkt zu führen, denn bei Meinungsunterschieden zwischen Produktmanagement und Fachabteilungen wird die Unternehmensleitung mit operativen Details zusätzlich belastet. Deshalb wird diese Organisationsform mehr auf kleinere Unternehmen mit nur wenigen Hauptfunktionen und Produktmanagern beschränkt bleiben müssen.

Eine Überbelastung durch Führung mehrerer Produktmanager kann vermieden werden, indem über den Produktmanagern ein "Leiter Produktmanagement" etabliert wird. Diese Variante ist flexibel bezüglich einer Vergrößerung der Zahl der Produktmanager. Trotz des Abrutschens der PM's auf die zweite Führungsebene bleibt sichergestellt, dass die Interessen des Produktmanagements insgesamt direkt in der Führungsspitze wahrgenommen werden. Die Durchsetzungsfähigkeit gegenüber anderen Hauptfunktionen bleibt bei strenger Linienorganisation, aber nur noch indirekt über den Leiter des Produktmanagements, also entlang des Dienstweges, erhalten. So wird diese Organisationsform umständlich und langsam.

Seit einiger Zeit geht der Trend dahin, alle marktgerichteten Funktionen in einer Hauptabteilung "Marketing und Vertrieb" zusammenzufassen. Der Marketing- und Vertriebsleiter übernimmt damit auch die Verantwortung über das Produktmanagement.

Nun unterstehen Produktmanager, Verkauf und die Marketing-Serviceabteilungen gleichberechtigt dem Leiter dieser (Haupt)Abteilung.

Er hat alle Abteilungen zur Gestaltung und Durchsetzung eines durchgängigen Marketingkonzeptes in einer Hand. Allerdings sind die Produktmanager als Linienmanager auf den Instanzenweg angewiesen. Jede Koordination, außerhalb der Marketingabteilung, muss sich auf dem Instanzenweg über den Marketingleiter erfolgen. Damit erweist sich auch hier eine Linieneinbindung als erhebliches Handikap bei der Querkoordinationsfunktion der Produktmanager.

Bei der Organisation eines Unternehmens nach Sparten werden möglichst viele Funktionen in die Sparten oder Geschäftsbereiche dezentralisiert. Der Grundgedanke ist die Schaffung kleinerer Unternehmenseinheiten, also 'das Unternehmen im Unternehmen'. In Sparten reichen in der Regel wenige Produktmanager, die dann direkt unter der Spartenleitung angesiedelt sein können. Damit entspricht diese Form der zuerst besprochenen, jedoch bezogen auf eine Sparte.

zu B: Produktmanagement als Stabsfunktion

Grundsätzlich andere organisatorische Lösungen ergeben sich, wenn das Produktmanagement in Form von Stabsstellen arbeitet. PMs in Stabsfunktionen können sowohl der Unternehmensleitung als auch der Marketing-/Vertriebsleitung angegliedert sein.

Die Aufgabe einer typischen Stabsabteilung besteht darin, die Linienfunktion, der sie zugeordnet ist, zu entlasten oder zu beraten. Der Tätigkeitsschwerpunkt liegt im Zuarbeiten und in der Entscheidungsvorbereitung. Sie besitzt weder eigene Entscheidungs- noch Weisungsbefugnisse gegenüber anderen Stellen oder Abteilungen.

Ein Produktmanager, der in Form eines Stabes arbeitet, kann nur Entscheidungen für seinen Vorgesetzten vorbereiten. Er selbst kann für sein Produkt nichts entscheiden oder gar durchsetzen. Ein Stab ist in seinen Wirkungsmöglichkeiten stark eingeschränkt. Er wirkt nur indirekt über seinen Vorgesetzten. Genau diesen soll er aber von allen produktbezogenen Aufgaben weitgehend entlasten.

Die Eigenheiten einer Stabstelle sind mit den Funktionen eines Produktmanagers nicht vereinbar. Eine Stab-Linienorganisation erscheint uns für Produktmanagement-Organisationen deshalb ***nicht empfehlenswert***.

zu C: Produktmanagement in einer Matrix-Organisation

Eine Matrixorganisation entsteht durch Überlagerung von zwei Organisationsebenen. Die bislang bestehende Funktionsebene wird ergänzt durch eine objekt- also produktorientierte Ebene. Es entsteht eine gitterartige Struktur mit vielen Berührungspunkten, die so genannte Matrix. Beide Ebenen sind gleichberechtigt. Die Produktmanager als Generalisten entscheiden über das 'Was'; die Funktionsspezialisten über das 'Wie'.

Die vielfältigen Nahtstellen (wir vermeiden bewusst den Begriff 'Schnittstellen', weil hier nichts getrennt, sondern bewusst zusammengeführt werden soll) zeigen den zeitintensiven Abstimmungs- und Kommunikationsbedarf dieser Matrixorganisation. Auch hier besitzt der Produktmanager keine direkte Weisungsbefugnis in die anderen Abteilungen hinein, wie dies selbstverständlich umgekehrt ebenfalls nicht der Fall ist. Es besteht die Notwendigkeit, konstruktiv zusammen zu arbeiten, gemeinsam nach Lösungen zu suchen und sich zu einigen. Am häufigsten ist das Produktmanagement der Marketing- und Vertriebsleitung zugeordnet.

Die Zusammenarbeit funktioniert bei Fachfragen meist relativ gut. Konfliktträchtige Situationen entstehen aber schnell bei Kapazitätsengpässen in den Fachabteilungen. Können die Beteiligten einen Konflikt nicht eigenständig lösen, bleibt nur die Einschaltung des gemeinsamen Vorgesetzten. In der Tagesarbeit beschränkt sich die Rolle des Abteilungsleiters auf das Eingreifen im Ausnahmefall (Management by exception).

Wenn die PMs, was die Ausnahme darstellt, eine generelle produktbezogene Weisungsbefugnis besitzen und wenn in den Fachabteilungen mehrere Mitarbeiter beschäftigt werden, ergibt sich für diese das Problem der Mehrfachunterstellung. Viele Firmen schränken deshalb die Weisungsbefugnis ihrer PMs ein. In der Stellenbeschreibung des PM sowie in Organisationsanweisungen wird der Weisungsspielraum für die Produktmanager in diesen Fällen eindeutig geregelt.

Als besonders wirkungsvoll zeigt sich die Matrixorganisation für das Produktmanagement dann, wenn auch die Funktionsabteilungen in sich nach Produkten der Produktgruppen gegliedert sind. Auf diese Weise entstehen Teams, die dauerhaft zusammenarbeiten, wodurch manche der genannten Nachteile vermieden werden können. Im Team wächst das Verständnis füreinander und die Effizienz der Zusammenarbeit steigt spürbar.

Eine solche Matrixorganisation kann natürlich auch direkt unter der Geschäftsführung etabliert werden, wenn die Kapazität zur Führung mehrerer PMs gegeben ist. Auf der einen Achse sind wiederum die PMs angesiedelt, auf der anderen alle betrieblichen Hauptfunktionen, was wiederum zu einer deutlichen Aufwertung des Produktmanagements führt.

Ob eine Organisation als Matrix gedacht ist, kann anhand des Organigramms meist gar nicht beurteilt werden, da dort die matrix-typischen Verflechtungen nicht erkennbar sind. Die detaillierten Regelungen, die zu einer Matrix-Organisation führen, sind in den Stellenbeschreibungen sowie in Verfahrens- und Prozessbeschreibungen enthalten.

Im Konsumgüterbereich überwiegt die Eingliederung des Produktmanagement in das Marketing, die von vielen Unternehmen mit technischen Produkten und Dienstleistungen übernommen wurde. Zum Teil werden hier aber auch ganz andere Matrixlösungen praktiziert:

Produktmanagement im Vertrieb

Diese Alternative wird gerne in Firmen mit traditionell starkem Vertrieb angewendet. Allerdings wird das Produktmanagement hier häufig als Vertriebsunterstützung missbraucht. Natürlich ist der Vertrieb "der wichtigste Kunde" des Produktmanagers, denn ohne einen motivierten Vertrieb lassen sich seine Produkte nicht verkaufen, aber gleichzeitig sind Produktmanager gewissermaßen Konkurrenten zum bisherigen "Marktwissensmonopol" des Vertriebs. Wir erwarten vom PM beste Kenntnisse seines Produktmarktes und Produktstrategien zur bestmöglichen Ausschöpfung dieses Marktes. Diese Sichtweise ist häufig nicht deckungsgleich mit der Einzelkundenbetrachtung und der Umsatzorientierung des Vertriebes. In der Praxis zeigt sich, dass die Produktinteressen unter der Vertriebsleitung oft nicht ausreichend wahrgenommen werden.

Produktmanagement zusammen mit Forschung und Entwicklung

Diese Organisationsform praktizieren besonders solche Firmen, die auftragsbezogen entwickeln oder konstruieren, die einen hohen Anteil kundenspezifischer Produkte entwickeln und fertigen oder bei denen die Innovationsfähigkeit ein besonders wichtiger Erfolgsfaktor ist. Eine Stärke dieser Variante kann darin liegen, dass die PMs feste Ansprechpartner in der F+E haben. Es bilden sich leistungsfähige Teams mit schnellen Abstimmungen und kurzen Entwicklungszeiten.

Produktmanagement in der Produktion

Diese spezifische Variante ist dort denkbar, wo Produkte in geringen Stückzahlen und mit speziellem Fertigungs-Know-how hergestellt werden. Die PMs tragen dann mehr innenorientiert Sorge dafür, dass die spezifischen Kundenwünsche fertigungsmäßig und logistisch optimal umgesetzt werden. Denkbar ist, dass sie selbst auch die Verbindung zu den oft wenigen großen Kunden halten, um die Bedarfe dort exakt zu klären, z.B. im Formenbau.

Bei allen Varianten sollte jedoch darauf geachtet werden, dass die technischen oder innenorientierten Aspekte nicht zu Lasten der Zielgruppen- und Marktorientierung überwiegen.

2.3 Lösungsmöglichkeiten für globales Produktmanagement

Auch für mittelständische Unternehmen sind Internationalität und Globalisierung heute eine Selbstverständlichkeit. Viele Produktmanager haben inzwischen weltweite Produktverantwortung, die jedoch nur mit einer entsprechend international orientierten PM-Organisation bewältigt werden kann. Der PM als Einzelkämpfer kommt hier schnell an seine Grenzen, denn jedes Land stellt einen eigenständigen Produktmarkt dar, der analysiert, geplant, und bearbeitet werden muss. Folgende organisatorische Lösungen können für internationales Produktmanagement alternativ oder zum Teil auch kombiniert angewendet werden:

Bildung von PM-Teams

Die Aufgaben eines Produktmanagers werden nicht mehr durch eine einzelne Person, sondern durch ein Team wahrgenommen. Der Produktmanager bekommt Mitarbeiter und damit eine Führungsfunktion.

Als Arbeitsteilung, die oft den Teams selbst überlassen bleibt, bietet sich eine Außen- bzw. Innenorientierung an. Zu ersterer gehören Kundenkontakte, Bedarfsforschung, Marktanalysen und Schulungen vor Ort, sowie Vertriebsunterstützung in den Ländern. Aufgrund der Marktnähe werden von dieser Funktion auch länderspezifische Produkt-Marketingkonzepte erarbeitet. Innenorientierte Funktionen sind primär für die Koordination im Unternehmen bei der Umsetzung der Konzepte verantwortlich. Hierzu gehören insbesondere die Bereitstellung neuer Produkte in Zusammenarbeit mit F & E, die Produktdokumentation sowie die Erstellung von

Kommunikationsmitteln in Zusammenarbeit mit der Kommunikations- oder Werbeabteilung. Auch detaillierte Fragen zum Produkt bzw. zu Anwendungen werden von hier aus beantwortet.

In einer PM-Befragung, die wir 2005 durchgeführt haben, stufen sich zwei Drittel der Produktmanager als 'Einzelkämpfer' ein. PMs mit Mitarbeitern sind eher noch die Ausnahme. Unserer Erfahrung nach funktioniert die internationale Aufgabenwahrnehmung durch ein PM-Team zur Bearbeitung Europas, wo eine ausreichende Marktpräsenz mit einem vertretbaren Reiseaufwand sichergestellt werden kann. Für die Bearbeitung weltweiter Produktmärkte ist sie nur in Ausnahmen geeignet.

Länder-Produktmanager unterstützen die Produktmanager in der Zentrale

Global tätige Unternehmen schaffen sich in der Regel zuerst Vertriebspräsenz in den wichtigsten Ländern. Diesen Landesgesellschaften können Länder- oder Area-PM's zugeordnet werden. Disziplinarisch unterstehen sie dem Verantwortlichen vor Ort; fachlich dem Produktmanagement in der Zentrale. Nach der Devise 'all business is local' haben die Länder-PMs andere Aufgabenschwerpunkte, als ihre Kollegen in der Zentrale.

Länder-Produktmanager haben fünf Kernaufgaben:

- Klärung der spezifischen Bedarfssituation im Land; Einbringen der landesspezifischen Produktwünsche und Kundenbedarfe in das zentrale Produktmanagement
- Landesspezifische Markt- und Wettbewerbsanalysen sowie Klärung der Marktpotenziale im Land
- Mitarbeit an landesspezifischen Produktplanungen
- Entwicklung und Umsetzung landesspezifischer Produkt-Marketingkonzepte, wobei als Input das Konzept des zentralen Produktmanagers dienen kann, das dieser zunächst für seinen Heimatmarkt erstellt hat. Die nationalen Länder-PMs müssen entscheiden, in wie weit sie zentrale Produkt-Marketingkonzepte für ihre Länder übernehmen bzw. diese anpassen können. Vielleicht ist es manchmal sinnvoll, Vermarktungskonzepte landesspezifisch neu und eigenständig zu gestalten
- Unterstützung und Schulung des lokalen Vertriebes.

Produktmanager in der Zentrale übernehmen dieselben Tätigkeiten für ihren Heimmarkt, weil sie dadurch selbst Marktkontakt behalten. Zusätzlich liegt bei ihnen die Verantwortung für die gesamte Produkt- und Sortimentspolitik, denn von hier aus werden die Produkte dem weltweiten Vertrieb zur Verfügung gestellt. Hier ist zunächst zu entscheiden, in wie weit unterschiedlichen Produktanforderungen aus einzelnen Ländern entsprochen werden kann und soll. Es wird geprüft, ob landesspezifische Produktvarianten notwendig und wirtschaftlich sind. In enger Zusammenarbeit mit F+E werden Lasten- und Pflichtenhefte er- und bearbeitet und der Entwicklungsprozess für die eigenen Produkte überwacht. Ebenfalls zentral werden Produktdokumentationen, Nutzen-/Verkaufsargumente sowie alle internationalisierbaren Serviceleistungen und Kommunikationsmittel erstellt und der internationalen Organisation zur Verfügung gestellt. Nach dem Train-the-Trainer-Prinzip werden die Länder-Produktmanager von den zentralen PMs geschult und mit allen bereit gestellten Materialien ausgestattet.

Aufgrund des kleineren Aufgabenspektrums können Länder-PM's teilweise mehrere Produkte oder Produktgruppen der Zentrale betreuen. Die Anzahl der Länder-Produktmanager richtet sich auch nach der Bedeutung dieser Ländermärkte für die einzelnen Produkte. Entscheidend für den Erfolg ist eine enge und regelmäßige Kommunikation der dezentralen und zentralen Produktmanager, besonders in der Planungsphase, denn die Produktmanager in der Zentrale müssen auch die Produktpläne aus den Ländern zu einer weltweiten Produkt-Planung fusionieren und deren Umsetzung via Produkt-Controlling steuern. Damit können sie ihrer weltweiten Produktverantwortung wirklich gerecht werden.

Produkt- und Marktmanager nehmen gemeinsam die Aufgaben des Produktmanagement wahr

PM-Aufgaben, die bei überwiegend national tätigen Firmen durch einzelne Produktmanager wahrgenommen werden, teilen sich bei dieser Organisationsalternative in zwei getrennte Aufgabenbereiche auf.

Marktmanager sind für bestimmte Vertriebsregionen oder ggf. auch für internationale Zielgruppen verantwortlich. Ähnlich wie bei den Länder-Produktmanagern besteht ihre Aufgabe darin, Ländermärkte transparent zu machen, Produktanforderungen zu definieren und die Produktvermarktung für ihre Region zu planen und zu realisieren. Während Länder-PMs (aus der vorherigen Alternative) wenige Produkte betreuen und als Input das Produkt-Marketingkonzept aus der Zentrale erhalten, sind Marktmanager für die Vermarktung aller Produkte in ihrer Marktregion voll verantwortlich. Dies kann bei sehr breiten Sortimenten schnell zu einer ähnlichen Überlastung, wie bei einer Organisation ohne Produktmanagement führen. Auch die Abgrenzung zu den länderspezifischen Vertrieben ist nicht ganz einfach, weil sich Ländervertriebe meist selbst als kompetent für die Vermarktung empfinden.

Die um diese Marktaufgaben beschnittenen Produktmanager hingegen, deshalb hier als 'PM Innen' in Abgrenzung zum klassischen PM bezeichnet, sind nur noch innenorientiert tätig. Ihre Kernaufgabe liegt in der Produktbereitstellung. Sie setzen die Anforderungen aus den Ländern via Lastenheft in Produkte um, wobei sie stark auf deren Wirtschaftlichkeit achten. Hierzu sind sie nun aber auf Marktinformationen der Marktmanager angewiesen, weil sie selbst keine Marktverantwortung mehr haben. Schwierig für diese 'PMs Innen' ist, dass sie fast völlig vom Markt abgekoppelt sind. Die Zielgruppen- und Marktorientierung bei dieser Organisationsalternative funktioniert nur dann, wenn Marktmanager und 'PMs Innen' sehr gut harmonieren. Dies ist dauerhaft aufgrund der unterschiedlichen Ziele jedoch nur schwer zu erreichen.

Beide Funktionen – Marktmanager und ProduktmanagerInnen – sind wiederum matrixartig miteinander verbunden, so dass aus Sicht der Organisation des Gesamtunternehmens eine 'Matrix in der Matrix' oder eine Multi-Matrix-Organisation entsteht. Dies zeigt schon den hohen Komplexitätsgrad dieser Organisationsalternative. Nur wenn es gelingt, die Kompetenzen sauber gegeneinander abzugrenzen und trotzdem beide Funktionen gut miteinander zu vernetzen, kann auch mit dieser Organisationsform die Internationalität beherrschbar gemacht werden.

Entscheidungskriterien für die Gestaltung Ihrer Produktmanager-Organisation

Jedes Unternehmen wird sich seine optimale Organisationsstruktur selbst entwickeln. Neben den für Organisationsentscheidungen typischen Kriterien wie z.B. Führungsspanne, Eignung der einzelnen Personen oder Wirtschaftlichkeit, sollten bei Aufbau oder Optimierung von PM-Organisationen weitere Kriterien berücksichtigt werden.

Folgendes sollte die Führungskraft berücksichtigen:

- Erwartungen an die Rolle der Produktmanager. Sie beeinflussen die Festlegung der firmenspezifischen PM-Aufgaben

- Internationalität der PM-Verantwortung. Welche regionalen Märkte sollen abgedeckt werden?
- Umfang des Produkt-Portfolios beeinflusst die Anzahl der benötigten Mitarbeiter (vgl. Punkt 2.8)
- Schnelllebigkeit des Marktes hat Auswirkungen auf die Anzahl der benötigten PMs. Je höher die Veränderungs- und Innovationsrate, desto mehr PM-Kapazität wird benötigt
- Bedeutung von Technologie und Innovationen für den Markterfolg der Produkte beeinflussen das Anforderungsprofil für die PMs sowie die Größe des PM-Teams
- Existenz von Unterstützungs-/Servicefunktionen zur Entlastung der Produktmanager
- Größe der bestehenden Organisation und Grad der Aufgabenteilung beeinflussen die Anzahl der Schnittstellen und damit den Koordinationsaufwand für die Produktmanager
- Reifegrad der Mitarbeiter für kooperatives Arbeiten und Teamarbeit. In "unreifen" Organisationen braucht das Produktmanagement zumindest anfangs mehr Zeit und einen starken Rückhalt durch die Führung.

2.4 Aufgaben eines Produktmanagers

Die Vielfältigkeit der Produktmanager-Tätigkeit lässt es ratsam erscheinen, dass die Unternehmen, die Produktmanagement anwenden, die Aufgaben ihrer PMs im vorhinein möglichst genau festlegen. Das geeignete Hilfsmittel hierfür sind Stellenbeschreibungen. Auch wenn nicht jeder Aspekt der PM-Tätigkeit und der Zusammenarbeit mit anderen verbindlich geregelt werden kann, gibt eine Stellenbeschreibung eine gute Orientierung über

- die Ziele der Produktmanager-Stelle
- die Verantwortung, die ein PM zu übernehmen hat
- seine Hauptaufgaben und
- seine Kompetenzen.

Unternehmen, die erstmalig Produktmanager einsetzen, sollten damit beginnen, seine Aufgaben sorgfältig mit denen anderer Funktionen abzugleichen, denn ein Teil der PM-Aufgaben wurde vorher wahrscheinlich von anderen Abteilungen wahrgenommen. Mit der Erarbeitung von Stellenbeschreibungen für die Produktmanager müssten demzufolge konsequenterweise die Stellenbeschreibungen aller der Funktionen, die Aufgaben an das Produktmanagement abgeben, angepasst werden.

Da die PMs Schnittstellen zu fast allen Funktionen im Unternehmen haben werden, sollten auch alle anderen Abteilungen die Aufgaben der Produktmanager kennen. Dies ist in der Praxis leider nicht immer der Fall und hier liegen möglicherweise die Ursachen, wenn Produktmanagement abteilungsübergreifend nicht optimal funktioniert. Immer wieder fragen wir Produktmanager danach, wie klar deren Aufgaben in ihrem Unternehmen sind. Die Antworten und Einschätzungen haben wir in folgendem Bild zusammengefasst:

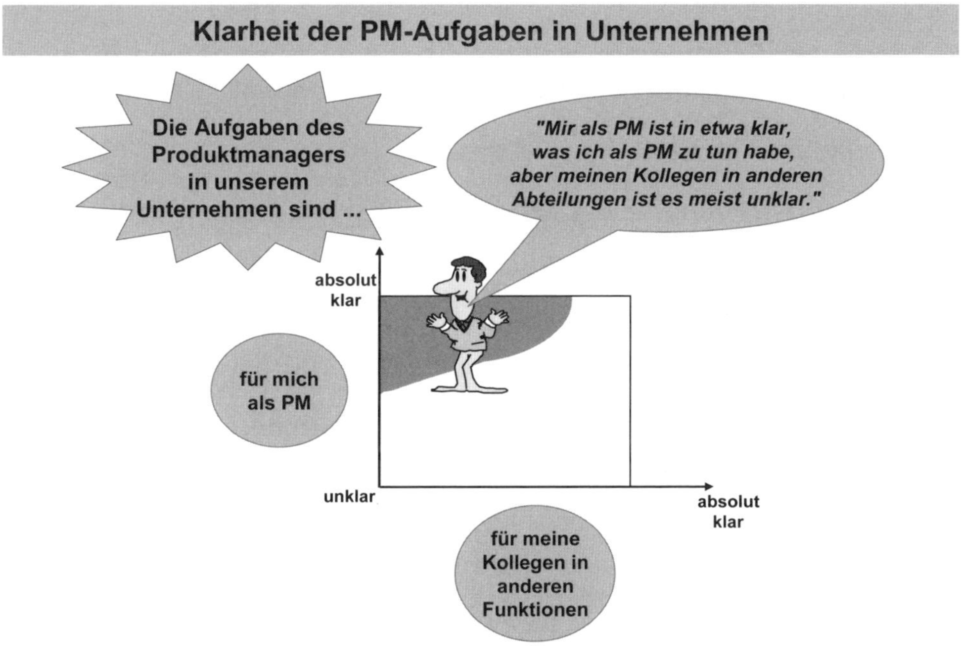

Während die befragten Produktmanager ihre Aufgaben relativ gut kennen, erleben sie, dass ihre Arbeitskollegen in anderen betrieblichen Funktionen ein eher diffuses Bild von der Funktion eines PMs haben. Dies wird dadurch untermauert, dass nur etwa die Hälfte der befragten Produktmanager überhaupt eine Stellenbeschreibung besitzt.

Eine Stellenbeschreibung verfolgt keinen Selbstzweck, sondern sie gibt dem Stelleninhaber und den mit ihm zusammenarbeitenden Kollegen eine Orientierung bzgl. der beabsichtigten Aufgabenteilung. Um schnell einen gleichen Informationsstand zu erreichen, haben sich Vernetzungsworkshops bewährt, in denen die Aufgaben des Produktmanagements allen Führungskräften vorgestellt werden. Dabei werden auch die wichtigen Schnittstellen diskutiert und geklärt.

Der Konkretisierungsgrad in PM-Stellenbeschreibungen wird unterschiedlich gehandhabt. Manche beschränken sich auf die Beschreibung der Stellenziele, mit denen sie ausdrücken, warum die Firma überhaupt diese Position geschaffen hat. Konkreter wird es bereits bei der Beschreibung der konkreten Verantwortungen, die der Produktmanager zu übernehmen hat. Relativ ausführlich gestaltet sich die Beschreibung der Hauptaufgaben eines PM, wobei man sich hier wirklich auf wichtige Aufgaben beschränken sollte. Es kann nicht Sinn einer Stellenbeschreibung sein, alle Aufgaben, die ein PM jemals auszuführen haben könnte, schriftlich niederzulegen. Dazu einige praktische Beispiele:

Die **Ziele einer Produktmanagerstelle** hat ein **Unternehmen für technische Gebrauchsgüter** für sich wie folgt beschrieben:

- "Unternehmer für seine Produkte" sein
- Optimale Betreuung seiner Produktmärkte, d.h. seiner Produkte und seiner Zielgruppen
- Sicherstellung einer stets wettbewerbsfähigen Produktposition
- Erreichung der jährlich neu zu vereinbarenden Produktmarktziele
- Koordination aller produktbezogenen Maßnahmen inner- und außerhalb des Unternehmens, die den Erfolg seiner Produkte sichern und fördern.

Die **Verantwortungen seiner Produktmanager** hat ein **Hersteller von Messgeräten** folgendermaßen festgelegt:

- Der PM erarbeitet strategische und operative Pläne für seine Produktgruppe
- Der PM sorgt dafür, dass sein Produktmarkt für unsere Firma so gut wie möglich transparent ist

- Er klärt Anforderungen seiner Zielgruppen an seine Produkte. Er beschafft Ideen und Anregungen, um seine Produktpalette aktuell und wettbewerbsfähig zu halten; genehmigte Ideen setzt er in marktfähige Produkte um

- Neue und verbesserte Produkte führt er im Markt ein

- Er informiert seinen Vorgesetzten über alle Entwicklungen und Vorkommnisse, die besondere Chancen oder außergewöhnliche Risiken für seine Produkte beinhalten.

- Der PM trägt Mitverantwortung für das Erreichen der vereinbarten Produkt-Umsatzziele. Er verantwortet allein die jeweiligen Produkt-Deckungsbeitragsziele

- Er trägt Sorge für die Einhaltung ihm bewilligter Budgets

- Der PM führt die ihm unterstellten Mitarbeiter in seinem PM-Team.

Die regionale Markt-Verantwortung der Produktmanager wird unterschiedlich gehandhabt. Unsere Befragungsergebnisse aus den letzten 15 Jahren zeigen eindrucksvoll die Verschiebung hin zu weltweiter PM-Verantwortung. Bei denjenigen, die heute national agieren, sind auch Länder-Produktmanager von Firmen enthalten, deren Zentralen im Ausland sitzen.

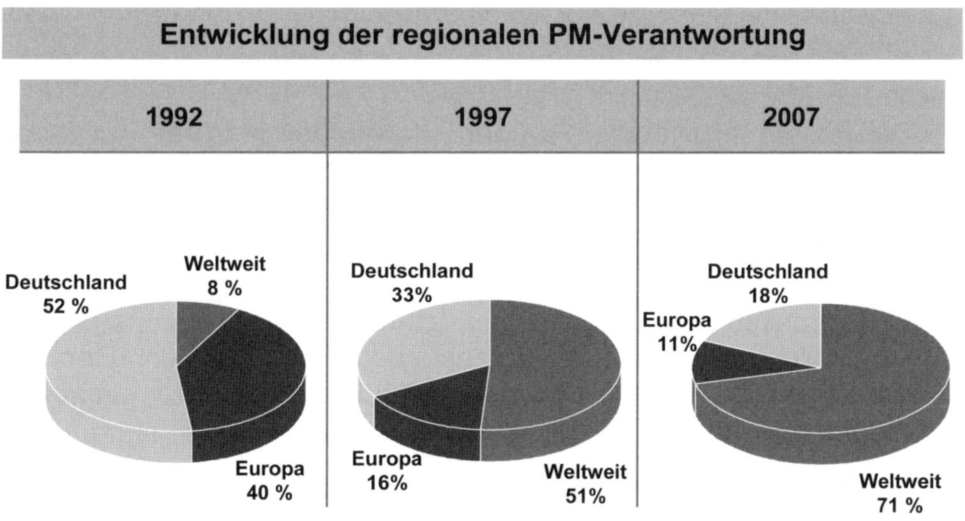

Quelle: Analyse von PM-Suchanzeigen und Befragungen der Marketing Consult GmbH, München

Hier sei nochmals daran erinnert, dass ein Produktmanager als 'Einzelkämpfer' nicht die ganze Welt allein bearbeiten kann (siehe Kapitel 2.3).

Stellenbeschreibungen sollten immer firmenindividuell erarbeitet werden. Für den Fall, dass Sie diese selbst ausarbeiten wollen, stellen wir Ihnen nachfolgend Aufgaben vor, die nach unserer Erfahrung häufig Bestandteil von PM-Stellenbeschreibungen in mittelständischen Unternehmen sind.

Hauptaufgaben eines Produktmanagers

A. Der PM als Planer – Analyse- und Planungsaufgaben

- Kontinuierliche Beobachtung und Analyse seines gesamten Produktmarktes inkl. Beschaffung aller dazu benötigten Daten und Fakten
- Frühzeitiges Erkennen von Trends
- Laufende Aktualisierung seines Produkt-Marketing-Factbooks
- Erarbeitung einer Marktprognose für seinen Produktmarkt
- Rollierende Erarbeitung mittelfristiger Produkt-Marketingpläne mit Produkt-Marketingzielen und -strategien
- Erarbeitung kurzfristiger Produkt-Marketingpläne einschließlich Budget- und Maßnahmenplanung
- Erarbeitung von Produkteinführungskonzepten für neue Produkte
- Abstimmung aller Pläne mit anderen Abteilungen und der Leitung

B. Der PM als Innovator – Von der Produktidee bis zum vermarktungsfähigen Produkt

- Sammlung oder auch Generierung von Ideen für neue Produkte
- Bewertung der Marktchancen von Neuproduktideen
- Erarbeitung von Lastenheften für neue oder verbesserte Produkte; Mitarbeit an den sich daraus ergebenden Pflichtenheften
- Teilnahme an Entwicklungsbesprechungen; dabei Verfolgung der Entwicklungsarbeit bzgl. der Einhaltung des Pflichtenheftes bis zur Produktfreigabe
- Mitarbeit an Produkt- und Markttests
- Gestaltung produktergänzender Serviceleistungen

C. Der PM als Lebenszyklusmanager

- Unterbreiten von Vorschlägen zur Preis- und Konditionengestaltung; in Ausnahmefällen entscheiden PMs allein über Produktpreise
- Werbebriefing: Erarbeitung von Aufgabenstellungen für interne oder externe Kommunikationsdienstleister
- Laufende Aktualisierung seiner Produktdaten auf der Homepage
- Mitarbeit an Messekonzepten und Internetauftritten, soweit es die eigenen Produkte betrifft
- Erarbeitung von Verkaufsförderungsaktionen in Abstimmung mit dem Vertrieb
- Erarbeitung und Umsetzung von Konzepten zur Programmabrundung, einschließlich Aufnahme von Handelswaren
- Produktvarianten, Produktpflege, Relaunch
- Regelmäßige Programmbereinigung einschließlich Erarbeitung und Umsetzung von Auslaufstrategien

D. Der PM als Repräsentant und Kontakter – Externe Aktivitäten

- Kundengespräche im Rahmen der Marketingforschung; Schwerpunkt Bedarfsforschung
- Teilnahme an Messen primär zum Zwecke produktbezogener Markt- und Wettbewerbsforschung
- Gespräche mit Lieferanten
- Sporadische Begleitung von Außendienstmitarbeitern; dabei Produkttraining on the job
- Unterstützung des Vertriebes bei der Vermarktung seiner Produkte vor Ort beim Kunden, intern oder telefonisch
- Durchführung von Kunden- und Anwenderschulungen
- Kontakte zu Instituten, Organisationen, Verbänden; teilweise Mitarbeit in Gremien
- Mitwirkung an relevanten Blogs und Internetforen
- Teilnahme an Fachtagungen; ggf. Fachvorträge halten

E. Der PM als Controller und Lenker

- Koordination der Durchführung geplanter Maßnahmen einschließlich Realisierungskontrolle
- Durchführung regelmäßiger Plan-Ist-Vergleiche für seine Produkte; Initiativfunktion bei Planabweichungen
- Überwachung der Einhaltung von Preisen und Konditionen seiner Produkte
- Überwachung der Fertigwarenbestände
- Auswertung von Reklamationsstatistiken für seine Produkte

F. Der PM als Durchführer/Realisierer

- Erarbeitung von Nutzen- und Verkaufsargumenten für seine Produkte
- Mitarbeit an der Erstellung von Verkaufsunterlagen für seine Produkte
- Schulung des Vertriebs
- Regelmäßige Information des Vertriebs über wichtige Entwicklungen in seinem Produktmarkt
- Unterstützung bei der Bearbeitung wesentlicher Reklamationen
- Überprüfung, ggf. Korrektur und Freigabe von Werbe- und Prospekttexten sowie von Montage- und Bedienungsanleitungen
- Verfassen von Fachaufsätzen zu seinem Produkt; Input für redaktionelle Beiträge
- Initiieren und durchführen produktbezogener funktionsübergreifender Besprechungen
- Teilnahme an regelmäßigen Besprechungen soweit sie seine Produkte betreffen

Die Tatsache, dass die Produktmanager selten Weisungsrecht anderen Abteilungen gegenüber besitzen, bedeutet aber keinesfalls, dass sie keinerlei Kompetenzen hätten. Folgende Befugnisse haben wir bei Produktmanagern kennen gelernt. Auch die Kompetenzen sollten im Rahmen der Stellenbeschreibung für einen Produktmanager festgeschrieben und kommuniziert werden:

Kompetenzen eines Produktmanagers

- Der PM hat Produkthoheit – keine wesentliche Produktentscheidung soll ohne ihn getroffen werden
- Er hat das Recht, mit jeder Stelle/Abteilung im Haus und mit verbundenen Unternehmen direkt Kontakt aufzunehmen, wenn es um seine Produkte geht (Querkoordination)
- Er kann jederzeit zu produktbezogenen Besprechungen einladen und ad hoc-Teams initiieren
- Er kann mit anderen Stellen produktbezogene Aufgaben vereinbaren, und deren Realisierung kontrollieren
- Er hat das Recht, alle für seine Produktaktivitäten benötigten betrieblichen Daten anzufordern und einzusehen
- Er kann in Abstimmung mit Fachabteilungen Marktpartner auf der Absatz- und Beschaffungsseite kontaktieren. Ohne Zustimmung der Fachabteilungen ist er dort jedoch nicht verhandlungsberechtigt
- Er kann über Pflichtenhefte mitentscheiden, zu denen er selbst das Lastenheft erarbeitet hat
- Er hat das Recht, an Entwicklungsbesprechungen teilzunehmen, die seine Produkte betreffen. Bei Abweichungen vom Pflichtenheft hat er ein Einspruchsrecht. Er entscheidet mit über die Freigabe für ihn entwickelter Produkte
- Er arbeitet im Rahmen seines Budgets und seiner Entscheidungskompetenz eigenständig mit externen Dienstleistern zusammen. Bewilligte Budgets kann er selbständig einsetzen (ggf. bis zu einer Obergrenze von ... €)

In Ausnahmefällen sind Produktmanager befugt, Preise eigenständig festzulegen oder Sortimentsabrundungen mit Produktvariationen und Handelswaren ohne weitere Genehmigungen vorzunehmen. Das Initiieren von Entwicklungsprojekten muss in den meisten Unternehmen vorher von einem Entscheidungsgremium frei gegeben werden.

Alle formalen Regelungen zu einzelnen Funktionen im Unternehmen sind nur so gut, wie sie später auch tatsächlich gelebt werden. Als Leitlinie für eine Produktmanager-Funktion gefällt uns dieses Zitat von Reinhard K. Sprenger besonders gut: **"Selbstverantwortung bedeutet, auch dort Zuständigkeit wahrzunehmen, wo sie nicht vorher in einer klar abgegrenzten Aufgabenverantwortung normiert war"** (Sprenger, 2007).

Auf den Produktmanager übertragen bedeutet dies, dass das Argument, irgendeine Aufgabe nicht erledigt zu haben, weil sie in seiner Stellenbeschreibung nicht enthalten gewesen sei, nicht akzeptiert werden kann. Für den Erfolg seines Produktes ist jeder Produktmanager zunächst einmal selbst verantwortlich. Er hat dafür Sorge zu tragen, dass alle wichtigen Aufgaben für sein Produkt erfüllt werden, durch zuständige Fachabteilungen, durch Dienstleister oder auch durch ihn selbst.

Trotz Stellenbeschreibung wird jeder Produktmanager seine Funktion entsprechend seinen Fähigkeiten und Neigungen unterschiedlich ausfüllen. Das soll auch so sein. Dass Managen aber viel mit Selbstmanagement zu tun hat, das zeigt die nachfolgende Tabelle.

Nutzung der Jahresarbeitszeit zweier Produktmanager in Tagen

Tätigkeitsbereiche	PM "A" der Ineffektive	PM "B" der Effektive	Meine Werte
Funktionsübergreifende Meetings	50	30	
Dringende, eilige Aufgaben	70	35	
Laufende Marktdaten-beschaffung	5	10	
Erarbeitung Produkt-Marketingpläne einschließlich Koordination und Abstimmung	10	20	
Außendienstbegleitungen/ Vertriebskontakt	5	15	
Kundengespräche	5	15	
Produktentwicklungs-aktivitäten	15	35	
Plan-Ist-Vergleiche und Management-Reports	10	10	
Briefings/Unterstützung von Mitarbeitern anderer Abteilungen	5	15	
Persönliche kreative Nachdenkzeit	5	15	
Krisenmanagement	50	30	
Gesamt	**230**	**230**	**230**

Dies sind zwei Produktmanager, die trotz gleicher Stellenbeschreibung ihre Aufgaben recht unterschiedlich wahrnehmen. Dem "effektiven PM B" gelingt es, durch mehr Zeitaufwand für Planung, Marktkontakte, Briefings und Unterstützung anderer den Anteil von Störungen, Krisen und dringenden Aufgaben deutlich zu reduzieren. So schafft er Freiräume für kreative Nachdenkzeit. Das wiederum kommt der Qualität seiner Arbeit und dem Produkterfolg zugute.

Wo stehen Sie? Schätzen Sie doch einmal Ihre persönliche Tageverteilung, und tragen Sie Ihre Werte in die dritte Spalte ein. Wem ähnelt Ihre Arbeitsweise und was folgt daraus für Sie?

2.5 Produktmanager arbeiten stark vernetzt

Es gibt wohl keine andere Funktion im Unternehmen, die ähnlich stark vernetzt arbeitet, wie ein Produktmanager. Die Anzahl der Schnittstellen wird vom Grad der Arbeitsteilung im Unternehmen und von der Anzahl externer Ansprechpartner bestimmt. Diese vielfältigen Schnittstellen eines Produktmanagers können wie folgt unterteilt werden:

- Schnittstellen innerhalb der Marketing- und Vertriebsabteilung,
- Schnittstellen zu anderen Abteilungen außerhalb des Marketing und
- Berührungspunkte mit Partnern außerhalb des Unternehmens.

Das folgende Bild zeigt, mit wem Produktmanager häufig oder fallweise zusammenarbeiten.

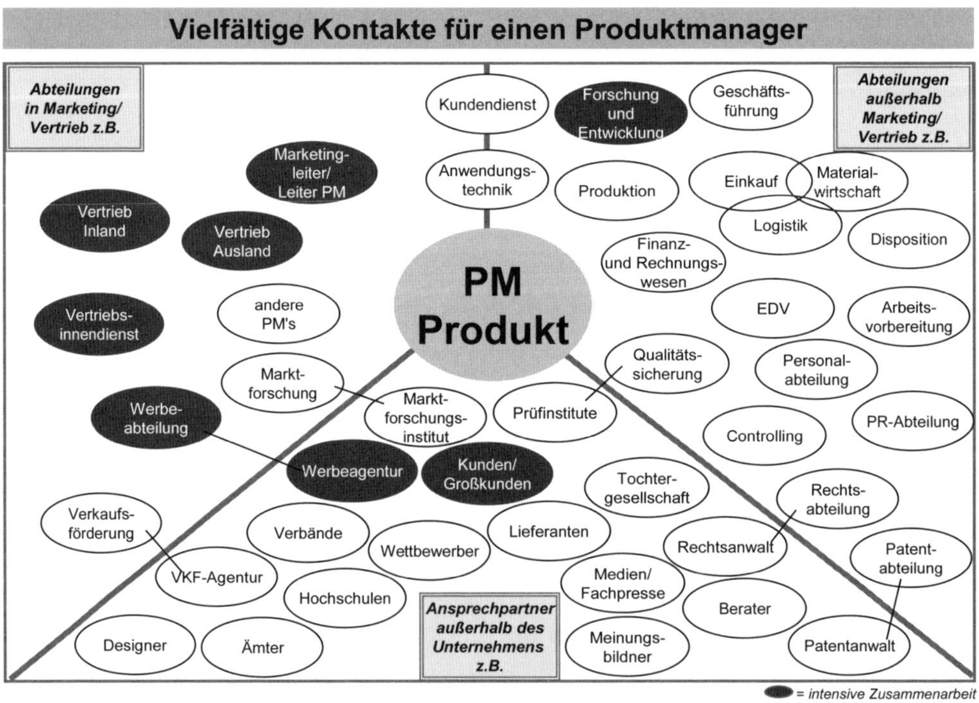

Es gibt fast keine Abteilung, mit der ein Produktmanager nicht irgendwann einmal zu tun hat. Häufigkeit und Intensität der Zusammenarbeit sind gegenüber den einzelnen Ansprechpartnern sehr unterschiedlich.

In technisch orientierten Unternehmen haben sich folgende Schwerpunkte herausgebildet, die in der Reihenfolge ihrer Bedeutung genannt werden:

Zusammenarbeit mit Forschung und Entwicklung
Themenschwerpunkte:

- Prioritäten für neue Entwicklungen
- Abstimmung von Lasten- und Pflichtenheften (Entwicklungsbriefing)
- Machbarkeitsstudien
- Abstimmungen in der Projektarbeit (Meilensteine, Einhaltung des Pflichtenheftes und des Zielpreises)
- Abstimmung von Tests und Prüfverfahren
- Termin- und Kapazitätsabstimmungen
- Entwicklungskosten
- Technische Dokumentation
- Montage- und Bedienungsanleitungen; Serviceanweisungen
- Austausch über neue Technologien.

Zusammenarbeit mit dem Vertrieb
Themenschwerpunkte:

- Erfassen von Produktideen der Kunden über den Vertrieb
- Vorstellung von Produktkonzepten, Neuprodukteinführungen
- Akquisitionsunterstützung und Verkaufsaktionen
- Vertriebsaktivitäten/Aktionen für das eigene Produkt
- Schulungen für den Vertrieb und für Marktpartner
- Prospekte, Preislisten und Verkaufsargumente

- Austausch von Kunden- und Wettbewerbswissen
- Abstimmungen in der Planungsphase
- Ursachenforschung und Vereinbarung von Maßnahmen bei deutlichen Plan-Ist-Abweichungen
- Reklamationsanalysen bei bedeutenden Fällen
- Preise, Konditionen und Deckungsbeiträge
- Sortimentsbereinigung – Produktaufgabe.

Zusammenarbeit mit der Werbeabteilung/Werbeagentur
Themenschwerpunkte:

- Beratung des PM für den werblichen Teil seines Produkt-Marketingplanes
- Werbebriefing; Aufgabenstellung für die Werbung; Erstellung von Werbe- und Verkaufsförderungsmaterialien
- Budgetverwendung; Optimierung des Werbebudgeteinsatzes
- Produkt- und marktbezogene Inputs für die Arbeit der Werbedienstleister
- Besprechung von Werbekonzepten
- Abstimmungen von Produktpräsentationen auf der Homepage
- Erarbeitung von Messekonzepten – Präsentation einzelner Produkte
- Termin- und Kapazitätsfragen
- Überprüfung von Inhalten, Korrekturen und Freigaben.

Kontakte mit Kunden
Themenschwerpunkte:

- Kundenanfragen, die direkt beim PM landen
- Quantitative und qualitative Bedarfsforschung
- Erfassung der Kundenzufriedenheit

- Akquisition gemeinsam mit dem Vertrieb
- Klärung kundenspezifischer Wünsche bei A-Kunden und Ziel-Kunden
- Einbeziehung ausgewählter Kunden in Produktentscheidungen
- Kontaktpflege zu wichtigen Meinungsbildnern.

An der Vielzahl der inner- und außerbetrieblichen Beziehungen eines Produktmanagers werden zwei Problembereiche deutlich:

Erstens: Auch eine detaillierte Stellenbeschreibung kann die Vielfältigkeit, die sich aus diesem Beziehungsnetz ergibt, nicht verbindlich vorher und für alle Fälle regeln. Häufig wird ein Produktmanager situativ entscheiden müssen, ob und wie er die einzelnen Schnittstellen inhaltlich ausgestaltet. Der Gestaltungsspielraum, den er dazu benötigt, ergibt sich aus einer gemeinsamen Vereinbarung von Zielen und Erwartungen, die die Unternehmensleitung mit der Besetzung dieser PM-Stelle verbindet. Diese Ziele sollten als Teil der Stellenbeschreibung schriftlich festgehalten werden.

Zweitens: Der Erfolg eines Produktmanagers hängt neben seinem Fachwissen stark davon ab, wie gut es ihm gelingt, in diesem Beziehungsnetz möglichst viele Kräfte für sein Produkt zu mobilisieren. Er steht hierbei (leider) im Wettbewerb mit seinen PM-Kollegen, die Zugriff auf dieselben Ressourcen nehmen wollen. Dieser Wettbewerb tritt in jedem Produktmanagementsystem auf, verbunden mit Konfliktrisiken, aber auch verbunden mit der Chance, dass Motivation und zusätzliche Kräfte freigesetzt werden, so wie in jedem gesunden Wettbewerb. Besonders aus diesem Beziehungsaspekt ergeben sich hohe Anforderungen an die Person eines Produktmanagers (vgl. Abschnitt 2.6) und an seine Verhaltensweisen (vgl. Kapitel 4).

2.6 Anforderungsprofil an einen PM

Die bisherigen Ausführungen haben vielleicht schon deutlich gemacht, dass es sicher nicht jedermanns Sache ist, die Funktion eines Produktmanagers zu übernehmen. Eine solche Stelle erfordert spezielle Eigenschaften. Für eine neu zu besetzende PM-Stelle wird deshalb sinnvollerweise ein Anforderungsprofil erstellt, an dem die Bewerber gemessen werden.

Die einschlägige Fachliteratur enthält lange Listen mit gewünschten Eigenschaften und Fähigkeiten, die die Vermutung nahe legen, dass alle Produktmanager Übermenschen seien. Auch manche Stellenanzeigen enthalten derart viele unterschiedliche Anforderungen, dass ihnen kaum ein Bewerber wird genügen können.

Wir wollen uns deshalb hier auf jene Anforderungen beschränken, von denen wir glauben, dass sie für den Erfolg eines Produktmanagers von ganz zentraler Bedeutung sind.

Haben Sie als PM folgende persönliche Eigenschaften und Fähigkeiten?

- Initiative
- analytische sowie planerisch-konzeptionelle Fähigkeiten
- Teamgeist und Freude am Umgang mit Menschen
- Interkulturelle Erfahrungen
- Ausdauer und Standvermögen
- Bescheidenheit?

Der letzte Punkt hat zwei Dimensionen. Zum einen sollte der PM nicht abhängig von Statussymbolen sein, denn diese werden ihm häufig aufgrund seiner hierarchischen Einordnung nicht gewährt. Zum anderen wird der PM Produkterfolge klugerweise nie allein auf seine Aktivitäten zurückführen. Er wird sich bemühen, andere, die ihn unterstützt haben, am Erfolg teilhaben zu lassen. Personen, die ausschließlich persönliche Erfolgserlebnisse suchen, sind als Produktmanager wenig geeignet.

Anforderungen, die Unternehmen an zu suchende Produktmanager stellen, lassen sich aus den Stellenanzeigen ableiten. Von uns mehrfach durchgeführte Anzeigenanalysen (Marketing Consult 2002) zeigen, dass die Anforderungen in den letzten zwanzig Jahren deutlich höher geworden sind.

Auffallend ist der starke Wunsch nach Praxiserfahrung und nach einem qualifizierten Hochschulabschluss. Berufsanfänger können kaum über PM-Positionen einsteigen. Nur ein kleiner Teil der Firmen bietet Berufsanfängern explizit eine Chance.

Befragungen von Produktmanagern bestätigen dies. 87 % der befragten PMs hatten vor der Übernahme der PM-Funktion bereits andere Berufsstationen durchlaufen (Marketing Consult 2006, S. 5f). Deren durchschnittliche Berufserfahrung liegt bei ca. sechs Jahren. Diese Erfahrung wirkt sich auch im Alter aus. Wie bereits gezeigt liegt das Durchschnittsalter der befragten Produktmanager bei Mitte Dreißig. Das Bild vom jugendlichen PM, der diese Funktion möglichst schnell durchlaufen muss, um in seiner Karriere noch weiter zu kommen, passt also nicht auf das Produktmanagement mittelgroßer Unternehmen. Hier zählt eher Erfahrung aus verschiedenen Funktionen sowie Kontinuität, denn ca. 60 % der Produktmanager-Positionen wurden aus dem eigenen Haus heraus besetzt.

Im technischen Bereich besitzt das Fachstudium einen deutlich höheren Stellenwert, als in anderen Branchen. Naturwissenschaftlich-technische Studiengänge werden hier wesentlich stärker nachgefragt, als kaufmännische Ausbildungsgänge. Bei technologischen Produkten wird dem produkttechnischen Fachwissen klar der Vorzug gegeben. Allerdings besteht ebenso Einigkeit darüber, dass ein PM auch Marketing und Betriebswirtschaft, hier speziell Kosten- und Deckungsbeitragsrechnung, beherrschen muss. In diesen Disziplinen werden Unternehmen auch in Zukunft ihre technischen Produktmanager zusätzlich qualifizieren müssen.

Die stärkere Internationalisierung wirkt sich auf die sprachlichen Anforderungen aus, wobei verhandlungssicheres Englisch heute eine Selbstverständlichkeit zu sein scheint, denn es wird oft in den Suchanzeigen gar nicht mehr erwähnt.

2.7 Wie sollen Produktmanager entlohnt werden?

Besonders Unternehmen, die eine Produktmanager-Organisation aufbauen wollen, stehen vor der oft schwierigen Frage, wie sie die PMs in ihre bestehende Gehaltsstruktur einbinden sollen. Klassische Bewertungskriterien zur Gehaltsfindung wie hierarchische Stellung, Vollmachten oder Führungsspanne sind auf einen Produktmanager kaum anwendbar. Die Ursache liegt im Ungleichgewicht von Aufgabe, Kompetenzen und Verantwortung. Da dieser wichtige Organisationsgrundsatz in Produktmanagementsystemen nicht eingehalten werden kann, sind auch für die Gehaltsfindung neue Überlegungen erforderlich.

Die Übernahme der PM-Gehaltsstruktur aus Großunternehmen hilft mittelständischen Unternehmen ebenfalls kaum weiter. Das Bild des jungen Karriere-orientierten PM, der primär über Geld und spätere Aufstiegschancen motiviert wird, ist, wie gezeigt, nicht unbedingt auf mittelständische Kulturen übertragbar.

Mittelständische Unternehmen können sich bei der PM-Vergütung von zusätzlichen Überlegungen leiten lassen:

Ziele für die Entlohnung von Produktmanagern:

- wir wollen "Unternehmertum" bei den PMs, auch wenn sie häufig als Einzelkämpfer arbeiten
- wir streben eine hohe Management-Qualität an, auch wenn die PMs in der Hierarchie vergleichsweise niedrig angesiedelt sind
- wir wünschen uns Kontinuität, auch wenn nur begrenzte Aufstiegsmöglichkeiten geboten werden können.

Diese Ziele rechtfertigen es, die absolute Gehaltshöhe von der Hierarchieebene zu entkoppeln und Produktmanager vergleichsweise höher zu bezahlen. Aus der Kienbaum Vergütungsstudie (Kienbaum – 2007) kann geschlossen werden, dass viele Unternehmen bereits so verfahren. Die Studie bietet dazu zwei wichtige Angaben. Sie enthält zum einen die Gesamtbezüge nach Altersgruppen. Wir gehen davon aus, dass PMs überwiegend in die Altersgruppe 30 - 40 Jahre fallen. Zum anderen werden die durchschnittlichen Gesamteinkommen im Produktmanagement ausgewiesen. Dieser Wert liegt ca. 20 % höher. Daraus kann geschlossen werden, dass PMs mehr verdienen, als der Durchschnitt der Kollegen vergleichbaren Alters in anderen Funktionen.

Unternehmertum und Initiative können durch eine *leistungsabhängige Komponente* gefördert werden, die entweder als Prozentsatz einer festen Bezugsgröße (Absatz, Umsatz oder Deckungsbeitrag) und/oder in Form einer Zielerreichungsprämie gewählt werden kann. Bei der Prozentregelung ist der Produkt-Deckungsbeitrag dem Umsatz oder Absatz gegenüber vorzuziehen, da er die Zielsetzung einer ertragsorientierten Führung des Produktes unterstützt. Niedriger als im Vertrieb liegen die variablen Einkommensanteile von Produktmanagern durchschnittlich nur zwischen 10 und 15 %. Verfolgt ein Unternehmen ehrgeizige Wachstumsziele, können auch DB und Umsatz als Bezugsgröße gekoppelt werden.

Voraussetzung für diese Form der leistungsorientierten Entlohnung ist ein einigermaßen konstanter Geschäftsverlauf. Im Anlagengeschäft, in dem das Jahresziel vielleicht mit nur wenigen Abschlüssen erreicht wird, verändern Terminverschiebungen am Geschäftsjahresende das Jahreseinkommen des PM relativ stark. In diesen Fällen bieten sich auftragsbezogene Prämien an, die ggf. nach den Phasen der Auftragsentstehung in Kontakt-, Angebots- und Abschlussprämien unterteilt werden können.

Prämien können auch direkt an eine festgelegte Zielsetzung gekoppelt werden, wobei der Grad der Zielerreichung später die absolute Prämienhöhe bestimmt. Im Interesse der Motivation sollte die maximale Prämie von vornherein verbindlich ausgelobt werden.

Insgesamt ist eine variable Vergütung im Produktmanagement im Vormarsch. Unsere eigenen Befragungen von Produktmanagern für die Jahre 2001 und 2006 haben ergeben, dass der Anteil der PMs, die leistungs- und erfolgsabhängige Komponenten in ihrem Gehalt haben, von 45 auf 58 Prozent deutlich angewachsen ist. Der erfolgsabhängige Teil am Jahresgesamteinkommen ist von durchschnittlich 11 Prozent in 2001 auf ca. 13 Prozent in 2006 angestiegen. Dass dieser erfolgsabhängige Anteil deutlich niedriger als im Vertrieb liegt, entspricht den direkten Einwirkungsmöglichkeiten eines Produktmanagers.

Zusätzlich zum Gehalt mit seinem festen und variablen Bestandteil können einem Produktmanager Nebenleistungen angeboten werden, die vielleicht sonst auf dieser Hierarchieebene unüblich sind, die aber zur Erreichung der oben genannten Ziele nützlich und die deshalb der besonderen Stellung der Produktmanager angemessen sind.

Beispiele für finanzielle Nebenleistungen:

- Firmenwagen: Ist bei dem Reiseanteil nicht unbedingt notwendig, kann aber gut die Prestige-Defizite ausgleichen. Zudem ist ein Firmenwagen für beide Seiten auch wirtschaftlich sinnvoll
- Versicherungen, z.B. Unfallversicherung: Deckt erhöhte Risiken ab, die mit der Reisetätigkeit verbunden sind und gibt damit Sicherheit
- Altersversorgung: Bindet vor allem erfahrene PMs an das Unternehmen und hat Prestigewert, da diese Absicherung sonst nur obersten Führungskräften angeboten wird
- Zinslose oder zinsverbilligte Kredite für Baudarlehen: Binden den PM längerfristig, wenn sie für eigengenutztes Eigentum gewährt werden

- Mitgliedsbeiträge für berufsbezogene Vereinigungen, z.B. im örtlichen Marketingclub: Fördert die fachliche Qualifizierung und das Prestige durch Repräsentationen des Unternehmens.
- Fortbildungskurse, wenn sie, wie bei Produktmanagern oft erforderlich, in größerem Umfang gewährt werden.

2.8 Wie viele Produktmanager benötigt Ihr Unternehmen?

Eine der schwierigsten Entscheidungen beim Aufbau des Produktmanager-Systems dürfte die Frage sein, wie groß die Produktmanager-Organisation auszulegen ist. Im Vorhinein ist schwer abschätzbar, wie viele Produkte ein einzelner Produktmanager in der gewünschten Form betreuen kann. Man spricht hier von der sog. "Produktspanne". Auch wenn immer wieder versucht wurde die "optimale Produktspanne" zu definieren, möchten wir uns an diesem Versuch nicht beteiligen, denn hierzu sind die Gegebenheiten in den einzelnen Unternehmen zu unterschiedlich. Die Produktspanne wird beeinflusst von:

- der Veränderungsgeschwindigkeit des Marktes. Märkte mit kurzen Produktlebenszyklen, z.B. Märkte mit schnellem technologischem Wandel, fordern viel Kapazität für die regelmäßige Produkterneuerung und die damit verbundenen Markteinführungen. Dies spricht eher für eine kleinere Produktspanne
- der regionalen Marktverantwortung der PMs. Die Verantwortung für weltweite Produkt-Marketingpläne vervielfacht den Aufwand für Beobachtung, Analyse und Planung; die Produktspanne muss, in Abhängigkeit zusätzlicher internationaler PM-Kapazitäten, zwangsläufig kleiner sein, als bei rein nationaler Marktverantwortung
- der Variantenvielfalt einzelner Produkte. Variationen z.B. durch unterschiedliche Materialien, Farben, Größen, Verpackungsgrößen und -arten usw. können aus wenigen Produkten schnell weit über 1.000 Varianten werden lassen, die ein PM allein vielleicht schon gar nicht mehr bewältigen kann
- der Größe und der Arbeitsteilung innerhalb der Organisation. In kleinen, wenig arbeitsteiligen Organisationen wird ein PM mehrere produktbezogene Maßnahmen selbst realisieren müssen. Dieses "nicht delegieren können" begrenzt natürlich seine Produktspanne.

Demzufolge kann der Umsatz bzw. ein "Umsatz pro PM" ebenfalls nicht als allgemeingültiger Maßstab für diese Entscheidung dienen. Bei der Analyse vieler Produktmanager-Organisationen haben wir keinen plausiblen Zusammenhang zwischen Umsatz der Unternehmen und der Anzahl der eingesetzten Produktmanager erkennen können.

Gehen Sie beim Aufbau Ihrer Produktmanager-Organisation in diesen Schritten vor:

- Ausgehend von den strategisch wichtigen Produkten bzw. Produktgruppen und den dafür zu bearbeitenden Zielgruppen werden Produkt-Markt-Kombinationen gebildet, für die man den Einsatz eines PM als sinnvoll erachtet

- Aufbauend auf der Stellenbeschreibung wird für jede vorgesehene PM-Stelle eingeschätzt, welche Tätigkeiten in welcher Häufigkeit und mit welchem Zeitaufwand verbunden sein werden. Dabei wird berücksichtigt, auf welche Servicefunktionen die PMs zugreifen können

- Daraus ergibt sich die gesamte Arbeitsleistung, die vom Produktmanagement in Zukunft zu erbringen sein wird

- Die Jahresarbeitsleistung eines Mitarbeiters lässt sich leicht ermitteln

- Die benötigte Anzahl von Produktmanagern ergibt sich rein rechnerisch durch Division, wobei dieser Wert noch korrigiert werden muss, indem überprüft wird, ob die einzelnen Produktmanagementbereiche auch jeweils von einem Mitarbeiter betreut werden können. Bei größeren Abweichungen kann entweder die Einteilung der Produkt-Markt-Kombinationen optimiert werden oder es wird eingeplant, mehrere Mitarbeiter zur Betreuung eines großen PM-Bereichs einzusetzen.

Beim Ausbau einer bestehenden PM-Organisation sollten Sie sich unseres Erachtens von der Wirtschaftlichkeit leiten lassen. Erinnern Sie sich, welchen Zweck Produktmanagement erfüllen soll (vgl. Kapitel 1.3): "Markterfolge für die Produkte erzielen und deren Ertragskraft stärken". Durch die Einsetzung von PMs soll mehr Ertrag erwirtschaftet werden. In dem Moment, in dem durch die Leistung eines Produktmanagers mehr zusätzlicher Deckungsbeitrag erwirtschaftet wird, als er insgesamt Kosten verursacht, wird sein Einsatz rentabel.

Folgende **PM-spezifische Kosten** sind zu berücksichtigen:

- Gehalt (fixer und variabler Bestandteil)

- Nebenkosten

- Zusatzleistungen
- Reisekosten
- ggf. Fahrzeug
- Arbeitsplatz und -mittel
- Telefonkosten.

Die Ertragsseite wird gemessen am zusätzlich erwirtschaftbaren Deckungsbeitrag unabhängig davon, ob er aus größeren Stückzahlen und/oder gestiegenem Stück-Deckungsbeitrag oder vielleicht sogar aus geringen Absatzmengen jedoch mit überproportional gestiegenem Stück-DB resultiert.

Maßgeblich für Ihre Entscheidung sollte also sein, welches DB-Steigerungspotenzial Sie in Ihren Produkten vermuten, unter der Annahme, dass dieses Potenzial durch den Einsatz von mehr Managementkapazität vielleicht in Verbindung mit zusätzlichem Einsatz anderer Ressourcen auch erschlossen werden kann.

Ein Hersteller von Elektronikschränken und Gehäusen hat beispielsweise folgende Überlegungen angestellt:

Wirtschaftlichkeitsberechnung für den Einsatz eines PM

IST-Situation Produktgruppe A	Potenzial
- Ist-Umsatz: 6 Mio. € Inlandsmarktanteil: 5 % Exportmarktanteil unterdurchschnittlich	Umsatz-Wachstumsmöglichkeit mind. 25 % in 3 Jahren auf 7,5 Mio. € durch * konsequente Vermarktung * neue Produkte
- IST-DB 1 38 %	Ertragssteigerungsmöglichkeit um ca. 10 % auf ca. 42 % DB durch * Innovationen * Baukastensystem * mehr Normteile * Durchsetzung unserer Preise
- DB-Volumen 2,28 Mio. €	DB-Potenzial: 3,15 Mio. € + 0,87 Mio. €

Entscheidung:
Bei Gesamtkosten für einen PM von etwa 90.000 € p.a. ist es sinnvoll, für Produktgruppe A einen eigenen PM einzusetzen.

Es gibt keinen zwingenden Grund, Produktmanagement gleich von Beginn an für alle Produkte anzuwenden. In der Anfangsphase ist eine Beschränkung auf potenzialstarke Schlüsselprodukte durchaus denkbar, um erste Erfahrungen mit dieser Organisationsform sammeln zu können. Wenn das neue Produktmanagement funktioniert und erste Erfolge sichtbar werden, wächst meistens auch der Mut zur Weiterentwicklung der PM-Organisation, z.B. durch Entlastung von PMs mit umfangreichen Produktaufgaben durch andere Mitarbeiter oder durch Aufgabenteilung bei zu großer Produktverantwortungen oder durch Vergrößerung des PM-Teams, um an schwieriger erschließbare Potenziale heran gehen zu önnen. Wenn Sie den Aufbau Ihres Produktmanagements nicht als punktuelle Maßnahme, sondern als Prozess mit Lerneffekten durchführen, haben Sie die Möglichkeit, sich an die optimale Größe Ihres PM-Teams heranzutasten.

Meist rechnet sich Produktmanagement, weil ...

... Produktmärkte besser ausgeschöpft werden und der Marktanteil steigt

... die Preisbereitschaft der Kunden optimal ausgeschöpft wird

... innovative Impulse aus der Zusammenarbeit mit Vertrieb und F+E in erfolgreiche zielgruppengerechte Neuprodukte münden

... Kosten-/Nutzenüberlegungen bereits bei der Produktentstehung Berücksichtigung finden

... Ressourcen nutzbringend und ertragssteigernd eingesetzt werden

... das Produktprogramm immer wieder entschlackt und bereinigt wird.

2.9 So führen Sie Produktmanagement erfolgreich in Ihrem Unternehmen ein

Die Einführung von Produktmanagement bringt für Unternehmen, die zuvor rein funktional organisiert waren, ein neues Element in die Organisation und damit eine tiefgreifende Veränderung. Schon bei der Betrachtung der organisatorischen Alternativen (Kapitel 2.2 und 2.3) wird bereits deutlich geworden sein, dass eine Produktmanager-Organisation nicht nur eine Abteilung betreffen kann. Spätestens dann, wenn Sie ermitteln, wer heute in Ihrem Unternehmen PM-Aufgaben wahrnimmt, die er später an die Produktmanager abgeben soll, wird sich herausstellen, dass es zu einer Neuverteilung von Arbeiten und damit zu einer echten Umorganisation kommen muss.

Auch folgender Sachverhalt untermauert diese These: Der Aufbau einer Produktmanager-Organisation sollte nicht vollständig auf die Personalkosten durchschlagen. Zusätzliche Kapazitäten sollten also nur dort aufgebaut werden, wo notwendige PM-Aufgaben bislang gar nicht oder nicht ausreichend gut erfüllt wurden. Für Tätigkeiten, die das Produktmanagement von anderen Abteilungen übernehmen wird, sollten dort auch entsprechende Kapazitäten abgebaut bzw. in das neue Produktmanagement umgeschichtet werden. In einem Apparatebau-Unternehmen beispielsweise wurde ein wesentlicher Teil der neuen PM-Aufgaben bislang in der Anwendungstechnik wahrgenommen. Von den fünf Mitarbeitern des neuen PM-Teams wurden deshalb zwei aus der Anwendungstechnik übernommen bei gleichzeitiger Reduzierung der Aufgaben dieser Abteilung.

Damit wird gleichzeitig ein anderes Ziel erreicht, das vielen mittelständischen Unternehmen wichtig ist, nämlich die Besetzung der neuen PM-Positionen aus dem eigenen Haus heraus.

Vorteile der internen Besetzung von PM-Stellen:

- Die neuen PMs beherrschen oder kennen zumindest die für die Produkte wichtigen Technologien
- Sie kennen das Unternehmen, dessen Strukturen und die Menschen, die dort arbeiten sowie die informalen Beziehungen
- Vielleicht hatten sie auch schon Kontakt zu Zielgruppen oder einzelnen Kunden.

Die Nachteile dieser Vorgehensweise liegen auf der Hand: Wesen und Aufgabe eines Produktmanagers müssen erst erlernt werden und in bestimmten Gebieten sind Wissenslücken zu schließen. Häufig ist auch das Problem zu beobachten, dass PMs ihre bisherigen Aufgaben zusätzlich weiter wahrnehmen sollen. Für die neuen PM-Aufgaben bleibt dann zu wenig Kapazität. Gravierender ist jedoch, wenn die neuen PMs bereits Akzeptanzprobleme aus ihrer bisherigen Funktion mitbringen oder wenn sie ihre bisherige Aufgabe unter neuem Titel unverändert und damit nicht PM-gerecht weiter wahrnehmen sollen. Vor allem Akzeptanzprobleme sollten schon bei der Auswahl berücksichtigt werden. Die anderen Nachteile können durch eine gute Führung des PM-Teams vermieden werden. Allerdings sollten mittelständische Unternehmen ruhig öfter den Mut haben, sich punktuell auch PM-Know-how von außen zu holen.

Bei der Einführung von Produktmanagement im Unternehmen geht es vor allem darum, die mit der Umorganisation verbundenen Reibungsverluste so gering wie möglich zu halten. Eine der Chef-Führungsaufgaben besteht darin, Ängsten und Befürchtungen in der bestehenden Organisation rechtzeitig zu begegnen. Typische Phänomene sind zum Beispiel: Angst vor Machtverlust, vor Verkleinerung des Aufgabenbereichs, vor bereichsfremden Einflüssen oder vor "neuen Konkurrenten". Eine umfangreiche Information sowie eine frühzeitige gemeinsame Kick off-Veranstaltung hilft, Berührungsängste zwischen den Produktmanagern und den maßgeblichen Mitarbeitern in anderen Abteilungen von vornherein zu vermeiden oder schnell abzubauen.

Analysiert man die Probleme, die mittelständische Neuanwender von Produktmanagement haben, so lassen sich daraus Vorschläge ableiten, wie die Einführung problemloser gestaltet werden könnte. Die folgende Tabelle enthält Tipps, die Ihnen den Aufbau Ihres PM-Systems erleichtern können.

So führen Sie Produktmanagement in 12 Schritten erfolgreich ein

1. Stellen Sie sicher, dass Produktmanagement als Organisationsform von der Unternehmensleitung gewollt ist
2. Praktizieren Sie Projektmanagement für die Einführung der neuen Produktmanager-Organisation
3. Entscheiden Sie frühzeitig, auf welche Marktregionen Sie mittelfristig Ihr Produktmanagement ausrichten wollen
4. Beschreiben Sie die Aufgaben für Ihr neues Produktmanagement möglichst klar
5. Klären Sie im Vorfeld, wer zukünftig welche Aufgaben an das Produktmanagement abgeben wird und wie Prozesse und Nahtstellen neu geregelt werden
6. Prüfen Sie alternative Organisationsmöglichkeiten, bevor Sie entscheiden, wo Sie Produktmanagement am besten zuordnen können. Denken Sie dabei an Ihr internationales Geschäft
7. Legen Sie fest, für welche Produkte/Produktgruppen Sie Produktmanager einsetzen wollen
8. Entwickeln Sie ein Anforderungsprofil für Ihre Produktmanager und wählen Sie danach Ihre Mitarbeiter aus
9. Vernetzen Sie Ihre neue PM-Organisation frühzeitig im Unternehmen (Vernetzungsworkshop) und erklären Sie Rolle und Aufgaben der Produktmanager. Entwickeln Sie im Team Spielregeln für die zukünftige Zusammenarbeit
10. Passen Sie Ihre Prozesse, insbesondere Ihr Planungs- und Controllingsystem der neuen PM-Organisation an. Stimmen Sie auch Ihr Besprechungswesen auf die PM-Organisation ab
11. Qualifizieren Sie Ihre Produktmanager gleich zu Anfang für deren neue Aufgabe, damit sie schnell durch überzeugende Leistungen akzeptiert werden
12. Nutzen Sie Ihr Produktmanagement selbst intensiv. Die Einbindung durch die Unternehmensführung in alle produktpolitischen Entscheidungen stärkt Motivation und Akzeptanz Ihrer Produktmanager

Eine Produktmanager-Organisation kann man nicht von oben verordnen, sondern sie muss sich innerhalb der vorgegebenen Rahmenbedingung entwickeln können. Auch neue Organisationsformen benötigen eine "Einfahrzeit". Vor allem im ersten halben Jahr hilft es den PMs, wenn sie über gewisse Freiräume verfügen, um sich mit Stellen und Abteilungen, die sie weniger gut kennen, in Eigeninitiative vertraut zu machen. Solche Freiräume können dadurch entstehen, indem von den neuen PMs nicht sofort die ganze Aufgabenbreite abgefordert wird, sondern Aufgabenschwerpunkte festgelegt werden, z.B.: Zuerst Konzentration auf die Verbesserung der Markt- und Wettbewerbsdatenbasis.

Befürchten Sie, dass trotz Ihres guten Einführungskonzeptes Widerstände gegen das neue Produktmanagement existieren, besteht die Möglichkeit, die Produktmanager in der Einführungsphase direkt der Geschäftsführung zu unterstellen. Damit setzen Sie deutliche Signale, wie wichtig der Führung diese neue Organisation ist.

3. Wie kann der Produktmanager seine Marketing-Aufgaben erfolgreich bewältigen?

Die voran stehenden Kapitel sollten Ihnen die Vorzüge verdeutlichen, die Produktmanagement auch für mittelständische Unternehmen bringt. Unbeantwortet blieb bisher jedoch die Frage, wie Produktmanager in der täglichen Praxis die ihnen übertragenen Aufgaben erfüllen können.

Im Folgenden werden Sie Hinweise für den Einsatz moderner Marketing-Methoden zum marktorientierten Management von Produkten erhalten. Im Einzelnen werden Sie erfahren, wie Sie

- mit Hilfe systematischer Marketing-Forschung zu fundierten Entscheidungen gelangen,
- durch strategische Marketingplanung Ihr Produkt langfristig auf Erfolgskurs halten oder bringen,
- Ihre Produkt-Strategie durch gezielten Einsatz der Marketing-Instrumente in schlagkräftige Maßnahmenprogramme umsetzen,
- Ihre Produkt-Marketingpläne erfolgreich realisieren und dabei die Umsetzung kontinuierlich überwachen und steuern,
- ermitteln, ob Ihre Maßnahmen auch tatsächlich "funktioniert" haben,
- die Entwicklung und Vermarktung innovativer Produkte anregen, mitgestalten und steuern.

3.1 Welchen Marketing-Aufgaben sollte sich der Produktmanager widmen?

Als "Unternehmer für sein Produkt" trägt der Produktmanager die Produkt- bzw. Produktgruppen-bezogene Verantwortung (zur Vereinfachung sprechen wir im Folgenden von "einem" Produkt, auch wenn er meist für mehrere Produkte oder manchmal auch für Dienstleistungen zuständig ist). Heißt das, er habe auch alle mit dieser Verantwortung verbundenen Aufgaben selbst auszuführen? Wohl kaum, denn dies würde einen einzelnen Menschen überfordern. Vielmehr geht es für den Produktmanager darum, mit Unterstützung von internen und externen Spezialisten möglichst großen Markterfolg und dadurch wirtschaftlichen Erfolg für sein Produkt zu bewirken. Bei dieser Tätigkeit kann er sich der Techniken des modernen Marketings bedienen.

Grundlagen des Produktmarketing

- Konsequente Ausrichtung sämtlicher Entscheidungen an der Ist-Situation und den Entwicklungstendenzen auf den aktuellen und potenziellen Absatz- und Beschaffungsmärkten
- Berücksichtigung aller für den Markterfolg des Produkts bedeutsamen Einflussgrößen außerhalb der Märkte (sog. globale Umwelt)
- Einbeziehung aller relevanten unternehmensinternen Faktoren.

Dabei unterteilen sich die Aufgabenfelder in verschiedene Blöcke.

Wesentliche Marketing-Aufgaben von Produktmanagern

1. Analytische Aufgaben, insbesondere ständige Beobachtung der Marktentwicklung,
2. planerisch-strategische Aufgaben, also die Erstellung eines Produkt-Marketingplans mit Produkt-Zielen, Produkt-Basisstrategie und dem dazu passenden Marketing-Mix,
3. Realisierungsaufgaben inklusive der Zusammenarbeit mit internen wie externen Partnern sowie
4. Kontroll- und Steuerungsaufgaben, u.a. die laufende Überwachung der Umsatz-, Kosten- und Deckungsbeitragsentwicklung seines Produkts.

Die analytischen und planerischen Aufgaben des Produktmanagers kann man sich idealtypisch als Prozess vorstellen.

Die Basis jeder guten Produkt-Marketingarbeit bildet eine sorgfältige Recherche über die aktuelle Stellung des Produkts im Markt sowie der Rahmenbedingungen im Unternehmen und in der globalen Umwelt.

Da dann in der Planung auch der "mittelfristige" Kurs für die Vermarktung des Produkts bestimmt wird, sollte der Produktmanager versuchen, sich darüber hinaus eine möglichst fundierte Vorstellung von der zukünftigen Entwicklung seines Produkt-Marktes zu bilden (Produktmarkt-Prognose).

Darauf aufbauend wird das strategische Produkt-Marketing-Konzept erarbeitet. Darunter ist ein umfassender schriftlicher Entwurf zu verstehen, der den mittelfristigen Kurs für das Produkt bestimmt. Dieses mittelfristige Konzept wird in der Regel für das erste Planjahr näher konkretisiert werden. Bei diesem kurzfristigen, sehr konkreten Teil sprechen wir vom operativen Produkt-Marketing-Konzept, das detaillierte Planzahlen und konkrete Maßnahmen für die nächsten zwölf Monate enthält.

Bei der Realisierung seines Produkt-Marketingplanes arbeitet der PM mit verschiedenen Abteilungen und teilweise mit externen Partnern zusammen. Er hat die gesamte Marketingarbeit für sein Produkt zu koordinieren und zu überwachen. In regelmäßigen Soll-Ist-Vergleichen im Rahmen des Produkt-Controllings stellt er den gesetzten Zielen die erreichten Ergebnisse gegenüber. Nach einer Analyse der Abweichungsgründe wird er notwendige Korrekturen und Ergänzungen an den geplanten Maßnahmen vornehmen, um damit seine Produkt-Marketingziele trotzdem noch möglichst exakt erreichen zu können.

Diese Aufgabenfelder sowie die zu ihrer Erfüllung verwendbaren Systematiken und Methoden eignen sich grundsätzlich für alle Produktmanager. Je nach Art des betreuten Produkts ergeben sich jedoch unterschiedliche Schwerpunkte beim Produkt-Marketing.

3.2 Wie werden realistische Produkt-Marketingpläne erarbeitet?

"Planung ersetzt den Zufall durch den Irrtum. Nur aus Irrtümern kann man lernen, nicht jedoch aus Zufällen."

Prof. Dr. Werner Kirsch, LMU München

Erfolgreiches Produktmanagement zeichnet sich dadurch aus, dass die Ressourcen des Unternehmens effizient (i.S. eines hervorragenden Aufwand-Nutzen-Verhältnisses) und wirkungsvoll bei der Vermarktung der Produkte eingesetzt werden. Dies lässt sich besonders gut mit Hilfe eines schriftlichen Produkt-Marketingplans erreichen.

Darauf aufbauend werden in der Praxis – alternativ zum Begriff Produkt-Marketingplanung – auch Begriffe wie Produkt-Planung, Produktgruppen- oder Produktsegment-Planung benutzt. Der Begriff der Produkt-Strategie ist dem nicht gleich zu setzen, weil er nur einem Teilschritt innerhalb der Produkt-Marketingplanung entspricht.

Welchen Nutzen hat ein Produkt-Marketingplan?

- Förderung des ziel- und zukunftsorientierten Denkens
- Instrument zur Koordination sämtlicher produktbezogener Aktivitäten des Produktmanagers mit denen anderer Abteilungen und externer Dienstleister
- Verabschiedung von Vermarktungsentscheidungen mit der Zuteilung der benötigten Ressourcen (insbesondere Mitarbeiter und Budget)
- Grundlage für die Kontrolle der Zielerreichung und für die Leistungsbeurteilung.

So sieht der konkrete Planungsprozess zur Erstellung eines Produkt-Marketingplans aus:

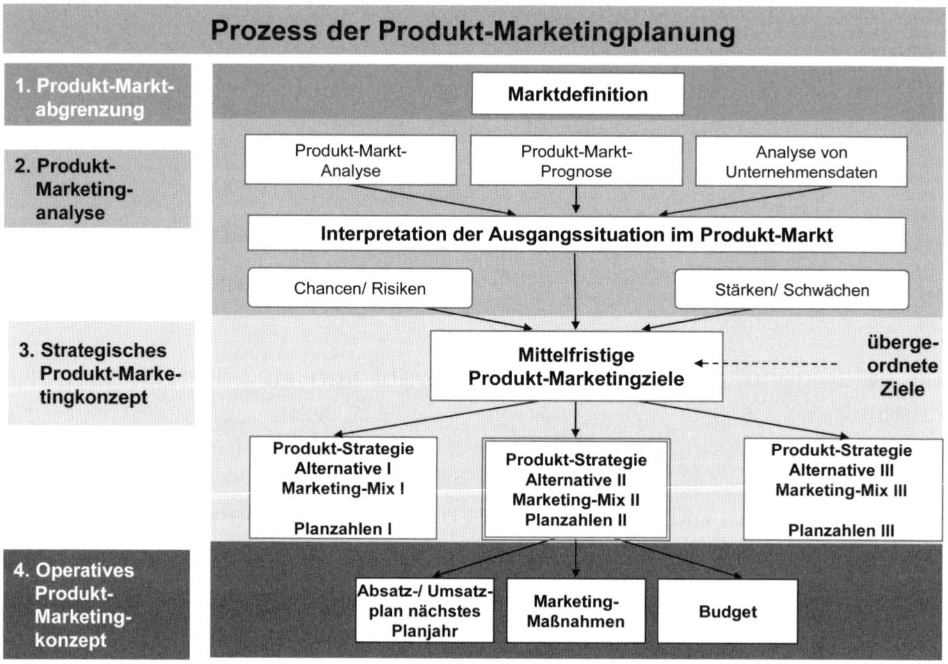

Schritt 1: Abgrenzung des relevanten Marktes

Bevor der Produktmanager mit der eigentlichen Planungsarbeit beginnen kann, muss er für sich abgrenzen, welchen Markt bzw. welche Märkte sein Produkt-Marketingplan abdecken soll. In der Regel werden Produkte in verschiedenen Absatzmärkten und Regionen angeboten. Das jeweilige Geschäftspotenzial ist naturgemäß sehr unterschiedlich. Nicht immer rechtfertigt es eine Aufnahme in den Produkt-Marketingplan. Hier empfiehlt sich die Anwendung der 80:20-Regel. Für 80 % des Geschäftspotenzials wird eine detaillierte Planung erstellt, der Rest wird pauschal anhand bestimmter Indikatoren hochgerechnet. Nur so kann der Produktmanager sicher stellen, dass er keine Energien (und Gelder) in unnötige Informationsrecherchen und unproduktive Überlegungen investiert. Wegen der strategischen Bedeutung dieser Entscheidung stimmt der PM die Festlegung der Prioritätsmärkte für sein Produkt mit dem Marketingleiter ab.

Der für ein Produkt relevante Markt besteht aus der Gesamtzahl der tatsächlichen und potenziellen Abnehmer der entsprechenden Produktart. Eine Grobsegmentierung des Abnehmerfeldes ist die Voraussetzung für die Definition des Zielmarktes.

Welche typischen Dimensionen hat die Marktsegmentierung?

- die grundlegenden Charakteristiken der Abnehmergruppen
- die für sie angebotenen Leistungen
- die geographische Eingrenzung des Absatzgebietes.

Es können auch weitere Kriterien wie z.B. Qualitätsniveaus, technische Produkteigenschaften, Preisklassen oder Produktpositionierungen für die Definition des relevanten Produktmarktes verwendet werden. Hierbei sollte man sich jedoch darüber im Klaren sein, dass hierdurch bestimmte Segmente bewusst ausgeschlossen werden, d.h. hier würden mit der Marktabgrenzung bereits wesentliche strategische Entscheidungen getroffen.

Eine tiefer gehende Analyse und Auswahl von zu bearbeitenden Teilmärkten bzw. Zielgruppen ist dann notwendig, wenn in diesem Markt das Abnehmerfeld besonders heterogen ist. Oft liegen differenzierte Probleme, Wünsche und Bedürfnisse bei verschiedenen Typen von Abnehmern vor. Der Produktmanager muss diese verschiedenen Teilmärkte erfassen, klar voneinander trennen und dann eine bewusste Auswahl vornehmen. Diesen Vorgang bezeichnet man als Marktsegmentierung.

Dazu bedient man sich bestimmter Merkmale, sog. Segmentierungskriterien.

Feinsegmentierung von Konsumgütermärkten

- demografische Kriterien wie Geschlecht, Alter, Wohnort, Beruf, Einkommen, die leicht über Statistiken erfassbar sind,
- beobachtbare Verhaltenskriterien wie Einkaufshäufigkeit vergleichbarer Produkte, bevorzugte Einkaufsstätten, favorisierte Hersteller sowie
- psychografische Kriterien wie Werte, Einstellungen, Lebensstil, die nur mittels spezieller psychologischer Techniken erfragbar sind.

Feinsegmentierung von Investitionsgütermärkten

- Branchen allgemein
- spezielle Branchenkriterien wie Wachstumsentwicklung, Branchenkonjunktur, Branchenstruktur, technologische Standards
- Demographische Kriterien wie Standort, Zahl der Mitarbeiter, Umsatz, Gewinn, Eigentumsverhältnisse, Gründungsjahr, Rechtsform
- Verhaltensorientierte Kriterien wie Verwendungsintensität, angewandte Technologien, Schwerpunkte im Marketing wie z.B. Innovator, Systemanbieter, Qualitätsanbieter, Niedrigpreisanbieter
- Nach der Einkaufsentscheidung – eher Einzelentscheidungen oder eher in Einkaufsgremien (buying center)

Im Zusammenhang mit der Marktsegmentierung ist anzumerken, dass sich Informationen zu den qualitativen Segmentierungskriterien oft nur schwierig direkt im Markt beschaffen lassen. Häufig geben sie dann die subjektive Einschätzung der Beurteiler (Vertriebs- und Kundendienstmitarbeiter, auskunftsbereite Kunden) wieder. Der PM kann mit Hilfe gut formulierter Fragen die Erhebungsarbeit der Außenorganisation strukturieren und unterstützen.

Durch die gewissenhafte Abgrenzung des Zielmarktes und dessen Segmentierung wird sichergestellt, dass der Produktmanager seine Entscheidungen an klar definierten Zielgruppen ausrichtet.

Schritt 2: Produkt-Marketinganalyse

Eine wichtige Aufgabe für jeden PM ist die laufende Beschaffung und Auswertung von Informationen über sein Produkt, seinen Markt, die Zielgruppen, die Wettbewerber, die Absatzmittler und anderer Faktoren, die den Erfolg seines Produkts beeinflussen. Er nutzt dabei unterschiedliche Wege der Informationsbeschaffung. Einiges lässt sich über das Internet vom Schreibtisch aus erheben, aber viele produktbezogene Fragestellungen lassen sich auf diese Weise nicht beantworten. Hier befindet er sich in enger Abstimmung mit dem Vertrieb, um direkte Kundengespräche zu führen, Befragungen durchführen zu lassen oder z.B. auf Messen seine Wettbewerbskenntnisse zu vertiefen.

Wichtig sind dabei immer die beiden Dimensionen Analyse und Prognose. Die Analyse untersucht Daten aus der Vergangenheit und verdeutlicht Wirkungszusammenhänge. Dabei zeigt sie den Status quo auf. Für alle Entscheidungen, die in die Zukunft reichen, ist aber zusätzlich eine Annahme über zukünftige Entwicklungen notwendig. Hier gilt es, verlässliche Quellen zu finden und diese mit der eigenen Einschätzung abzugleichen, um einen Planungsrahmen zu erhalten.

Schritt 3: Strategisches Produkt-Marketingkonzept

Zweck der Produkt-Marketingplanung ist es, Erfolgspotenziale eines Produktes zu erkennen und deren Ausschöpfung zu gewährleisten. Durch Ausnutzen der eigenen Stärken gegenüber dem Wettbewerb sollen Marktchancen genutzt und in dauerhaften Produkterfolg umgesetzt werden.

Viele Unternehmen arbeiten nur mit Jahresplänen. Sicher ist die Erarbeitung der jährlichen Planzahlen (Budgets) eine wichtige Aufgabe der Produktmanager, aber diese kurzfristige Planung sollte immer eingebettet sein in eine mittelfristige Planung. Wichtige Entscheidungen wie z.B. Programmausweitung, Richtung einer Produktfamilie, Entwicklung grundlegend neuer Produkte oder Aufbau eines Markenimages können im Rahmen einer Jahresplanung überhaupt nicht qualifiziert entschieden werden. Deshalb soll ein Produkt-Marketingplan zwar die kurzfristige Sicht (Budgetplanung) beinhalten, aber eingebettet sein in einen mittelfristigen Planungshorizont.

Je nach der Marktdynamik und des damit zusammenhängenden Unsicherheitsgrades für die Planung wird ein mittelfristiger Zeithorizont zugrunde gelegt, der meistens zwischen 3 und 5 Jahren liegt. Ein Hersteller von Computersoftware kann beispielsweise aufgrund der ständigen Innovationen in der Mikrotechnologie, den daraus resultierenden häufigen Hardwareänderungen sowie den damit einhergehenden Veränderungen der Wettbewerbssituation kaum drei Jahre in die Zukunft planen. Umgekehrt dauern Projektierung und Bau eines Kraftwerkes mindestens fünf Jahre. Unternehmen und damit auch ein Produktmanager sollten sich auf einen angemessenen mittelfristigen Planungshorizont ausrichten.

Bei seiner Produkt-Marketingplanung trifft der Produktmanager immer Entscheidungen, die in die Zukunft hineinreichen, ohne jedoch sicher wissen zu können, welche Entwicklungen tatsächlich vonstatten gehen werden. Deshalb ist eine systematische Auseinandersetzung mit möglichen Zukunftsentwicklungen notwendig. Sie schafft zudem ein besonderes Problembewusstsein und erhöht die Sensitivität bezüglich etwaiger kritischer Ereignisse. Mit Hilfe einer systematischen Marketingforschung können Zukunftsaussagen abgesichert werden.

Im ersten konzeptionellen Schritt der Produkt-Marketingplanung werden die Produkt-Marketingziele erarbeitet, die festlegen, was der PM mit seinem Produkt bis zum Ende des Planungshorizonts erreichen möchte. Den mittelfristigen Weg zur Erreichung dieser Ziele bestimmt er in Form einer Produkt-Strategie, die ihrerseits wieder aus zwei Elementen, der Produkt-Basisstrategie und dem dazugehörigen Marketing-Mix, besteht.

Welche Fragen beantwortet die Produkt-Strategie?

- Welche Potenziale (Umsatz, Ertrag, Absatz) sollen für das Produkt erschlossen werden?
- Welche Produkt-Märkte bzw. -Marktsegmente sind in welcher Weise zu bearbeiten?
- Wie kann man durch Aufbau bzw. Erhalt strategischer Vorteile für das Produkt eine starke Position im Wettbewerb erschließen bzw. absichern?
- Welche Technologien sollen zu diesem Zweck (weiter-)entwickelt werden?

Mit der Produkt-Basisstrategie wird ein Rahmen für den Einsatz der fünf Marketing-Instrumente festgelegt.

Marketing-Instrumente

- Produkt- und Sortimentspolitik
- Servicepolitik
- Preis- und Konditionenpolitik
- Distributionspolitik
- Kommunikationspolitik.

Mit Hilfe der Marketing-Instrumente beschreibt der PM die operativen Inhalte seiner Strategie. Dabei prüft er für jedes Instrument einzeln, wie es für die Umsetzung der Basisstrategie genutzt werden kann. Aus den verschiedenen Gestaltungsoptionen stellt er dann ein spezifisches Marketing-Mix zusammen. Es handelt sich dabei um Grobmaßnahmen, die dann im operativen Marketingkonzept im Detail beschrieben und für die Umsetzung aufbereitet werden.

Schritt 4: Operatives Produkt-Marketingkonzept

Für die Überführung der Strategie in das operative Geschäft moderiert der PM zusammen mit denjenigen Stellen oder Abteilungen im Unternehmen, die einen maßgeblichen Beitrag für die Umsetzung der Strategie leisten sollen, Maßnahmen-Workshops. Gemeinsam werden dort aus den vorgeschlagenen Großmaßnahmen konkrete Einzelmaßnahmen oder Projekte – zunächst für das erste Planjahr – abgeleitet. In diesem detaillierten Maßnahmenprogramm für das nächste Geschäftsjahr wird im Einzelnen festgelegt, "wer – was – bis wann – mit welchem Budget" durchzuführen hat. Diese Maßnahmenprogramme sind dann auch Inhalt der regelmäßigen Controllingrunden zwischen PM und Organisation.

Prinzip der rollierenden Produkt-Marketingplanung

Die Umweltsituation für ein Unternehmen und seine Produkte verändert sich laufend. Deshalb sollte ein Produkt-Marketingplan, der sich mehrere Jahre in die Zukunft orientiert, regelmäßig dahingehend überprüft werden, ob er den geänderten Bedingungen noch entspricht oder ob eine Kurskorrektur vonnöten ist.

In der modernen Produktmanagementpraxis wird heute rollierend geplant. Hierunter versteht man die jährliche Überprüfung, Fortschreibung bzw. gegebenenfalls Anpassung der Marketingplanung für das Produkt oder das Produktsegment sowie die Neufestlegung der Planzahlen und der Marketing-Maßnahmen.

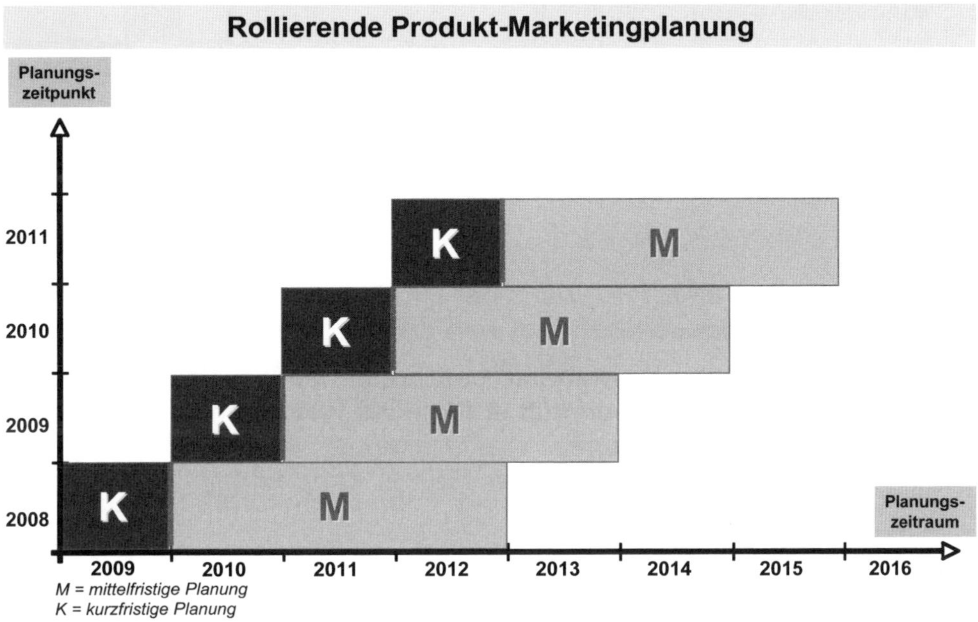

Wann wird geplant?

Wie Sie schon feststellen konnten, müssen Produktmanager umfangreiche Planungsaufgaben erfüllen. Dies wirft nun die Frage nach der zeitlichen Abfolge der einzelnen Planungsschritte auf. Das folgende Beispiel eines Marketingplanungskalenders zeigt, wie ein mittelständischer Hersteller von Druckmaschinen die Planungsarbeiten für sein Produktmanagement zeitlich organisiert hat.

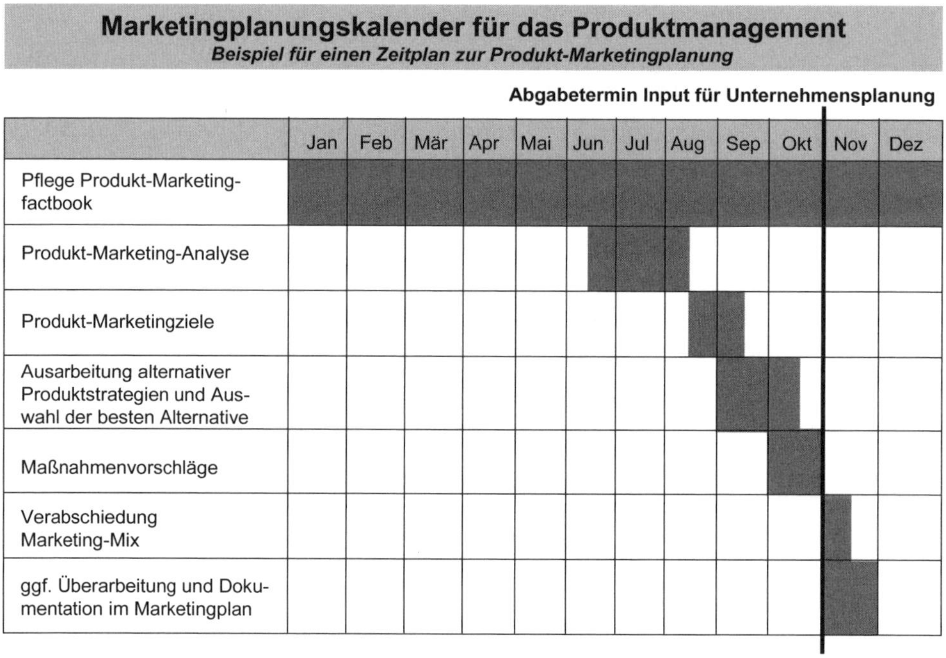

Das Beispiel lässt erkennen, dass der Produktmanager immer im zweiten Halbjahr eines Geschäftsjahres den Schwerpunkt seiner Tätigkeit auf die Planung verlegt. Das ergibt sich aus der Notwendigkeit, dass die konkret zu ergreifenden Einzelmaßnahmen bereits zu Beginn des nächsten Geschäftsjahres festgelegt und mit den Ausführenden abgestimmt sein müssen. Ein zeitlicher Rahmen wird ihm häufig auch mit den Fertigstellungsterminen der Budgetplanung oder übergeordneten Unternehmensplanung gesteckt. Die Unternehmensplanung liefert ihm Vorgaben, welche Ziele erreicht werden sollen (z.B. Umsatzwachstum in Höhe von 8 % für das Gesamtunternehmen). Für die Budgetplanung muss er seine geplanten Maßnahmen melden und sich genehmigen lassen.

An dieser Stelle sei aber nochmals betont, dass der Produkt-Marketingplan keinesfalls bis zu den nächsten Planungsrunden "ruhen" sollte. Zu den Hauptaufgaben jedes Produktmanagers gehört nämlich die ständige Sammlung und Aufbereitung neuer relevanter Information und Controllingdaten!

Wie sieht ein konkreter Produkt-Marketingplan aus?

Die Produkt-Marketingplanung ist ein Prozess. Das Ergebnis ist der festgeschriebene Produkt-Marketingplan. Für Unternehmen gibt es vielfältige Möglichkeiten zur inhaltlichen und optischen Gestaltung eines Produkt-Marketingplans. Alle PMs eines Unternehmens sollten aber auf die gleiche Art planen, zumindest den gleichen Aufbau wählen. Nur so ist gewährleistet, dass der Marketingleiter die Einzelpläne problemlos erfassen, beurteilen und für seine produktübergreifende Planung zusammenführen kann. Die folgende Abbildung zeigt eine Form für einen Produkt-Marketingplan (PMP), die sich in der Praxis bewährt hat.

Produkt-Marketingplan: Blatt 1

Produktmarkt:	**Datum:**	**Version:**
Planungsteam:	**Genehmigt:**	

Marktabgrenzung:

Informationen zum Produkt-Markt inkl. Marktprognose

Produkt-Marketingplan: Blatt 2

Entwicklung der eigenen Produkte

Produkt-Marketingplan: Blatt 3

Hauptwettbewerber - Kurzcharakteristik

Wettbewerber: ____________________________

Wettbewerber: ____________________________

Wettbewerber: ____________________________

Produkt-Marketingplan: Blatt 4

SWOT-Analyse

Stärken	Chancen

Schwächen	Risiken

Produkt-Marketingplan: Blatt 5

Produkt-Markt- und Marketingziele (maximal 5 wichtige Ziele)

Marktziele, z.B.

- Positionierungsziel
- Marktanteilsziel
- Käufer-/ Verwenderziel
- Wettbewerbsziel
- Absatzmittlerziel

Ableitung von Zielen für Marketinginstrumente, z.B.

- Produkt- / Sortimentsziel
- Serviceziel
- Preis- / Konditionenziel
- Distributionsziel
- Kommunikationsziel

Quantitative Ziele, z.B.

- Absatzziel
- Umsatzziel
- Deckungsbeitragsziel
- Kostenziel

Produkt-Marketingplan: Blatt 6

Ausgewählte Produkt-Strategie - Alternative 1	
Basis-Strategie	… …
Stichpunkte zum Einsatz der Marketing-instrumente	… …
Begründung für die Strategie-auswahl	ausgewählte Alternative ❒ ja ❒ nein … …

Produkt-Marketingplan: Blatt 7

Quantifizierung der ausgewählten Produkt-Strategie

Kennzahl	Ein-heit	n-3	n-2	n-1	HR lau-fend. Jahr	n+1	n+2	n+3	Veränderung gesamt
Absatz	Stk.								
	Diff. %								
D-Preis	€ Stk.								
	Diff. %								
Umsatz	T €								
	Diff. %								
DB	T €								
	Diff. %								
Strategie-kosten	T €								

Planungsannahmen:

Produkt-Marketingplan: Blatt 8

Mittelfristig benötigte Ressourcen **Personal:**	
Funktion:	ab Zeitpunkt:
-	-
-	-
-	-
-	-
-	-
-	-
-	-
-	-

Investition:		
Projekt:	Zeitpunkt:	Investitionsvolumen in 1.000 €:
-	-	-
-	-	-
-	-	-
-	-	-
-	-	-
-	-	-
Summe Investitionen		**.......... T €**

Produkt-Marketingplan: Blatt 9

Maßnahmenplanung – Einzelmaßnahmen für das nächste Planjahr

Nr	Region	Produkt-gruppe	Einzelmaßnahme	verantw.	Budget €	Durchführungszeitraum											
						01	02	03	04	05	06	07	08	09	10	11	12
Summe PM Budget																	

Rechtzeitige Abstimmung der Planung

In der Praxis zeigt sich immer wieder, dass die Chancen, die Planung später auch wirklich umzusetzen, stark steigen, wenn Marketingleitung, Produktmanager und die an der späteren Realisierung Beteiligten schon im Planungsstadium zusammenarbeiten. Idealerweise wird ein kleines Planungsteam gebildet, dem neben dem PM auch Kollegen der wichtigsten Schnittstellenabteilungen angehören. Diese unterstützen den Produktmanager mit Ihrem Fachwissen und mit Ideen. In der nachfolgenden Umsetzungsphase wird sich dies positiv auswirken. Weil alle von vornherein mit 'im Boot' sind, wird die Realisierung der Produktpläne mit deutlich höherem Engagement unterstützt.

Die Ergebnisse einzelner Planungsschritte stimmt der Produktmanager mit seinem Vorgesetzten ab. Über den gesamten Planungsprozess hinweg kann die Zusammenarbeit zwischen PM und Marketingleiter wie folgt aussehen:

Für die Erarbeitung von Produkt-Marketingzielen hat sich das Gegenstromprinzip bewährt. Dabei werden von der Marketingleitung in einem "Abwärtsprozess" übergeordnete Zielvorstellungen, die aus den Unternehmenszielen abgeleitet sind, an die Produktmanager weitergegeben (z.B. der in den nächsten drei Jahren zu erwirtschaftende Deckungsbeitrag). Die Produktmanager ihrerseits leiten aus ihrer Produkt-Marketing-Analyse produktspezifische Ziele ab und kommunizieren dazu mit den jeweiligen Fachabteilungen.

Nachdem der Produktmanager zu den Marketingzielen für sein Produkt gelangt ist, präsentiert er diese dem Marketingleiter (Aufwärtsprozess). Unterschiedliche Zielvorstellungen werden in einer Zielabstimmungssitzung ausdiskutiert, die in konkrete Zielvereinbarungen münden (Management by objectives). In den nächsten Planungsschritten, z.B. bei der Entwicklung der Produkt-Strategie oder bei der Festlegung des Jahresbudgets, wird dann analog verfahren.

Das Treffen konkreter und vor allem schriftlich fixierter Vereinbarungen zwischen Vorgesetzten und Produktmanager birgt viele Vorteile für das Unternehmen.

Warum sollte sich PM und Leitungsebene eng abstimmen?

- Die Produkt-Marketingkonzeption wird in die Gesamt-Marketingkonzeption des Unternehmens optimal eingepasst.
- Die beteiligten Personen identifizieren sich mit der Produkt-Marketingkonzeption.
- Die Marketingarbeit für das betreffende Produkt erfolgt besser koordiniert und effizienter.
- Der laufende Abstimmungsbedarf wird deutlich niedriger, da die Entscheidungskompetenzen des PM aus dem Plan heraus definiert sind.

Wie können Sie das zuvor Beschriebene nun in die Tat umsetzen? Die folgenden Abschnitte vermitteln Ihnen hierzu das notwendige Handwerkszeug. Beginnen wir mit der Schaffung einer guten Informationsbasis für Ihre Produkt-Marketingplanung.

3.3 So entsteht eine solide Informationsbasis für die Produkt-Marketingplanung

Die Qualität jeder Marketingentscheidung eines Produktmanagers (z.B. Produktstrategie-Auswahl, Neuproduktentscheidung, Budgetierung) hängt grundsätzlich von der Qualität der zugrunde liegenden Informationsbasis ab.

Optimal wäre eine Informationsbasis, die dem Produktmanager vollkommene Transparenz seines Produktmarktes liefert.

In der Praxis jedoch können die Produkt-Marketingentscheidungen nie unter derart optimalen Bedingungen vorgenommen werden. Dies hängt mit mehreren Faktoren zusammen. Zunächst einmal entstehen bei sämtlichen Aktivitäten im Zuge der Marketingforschung Kosten. Nach betriebswirtschaftlichen Grundsätzen sollen sie in sinnvoller Relation zu dem möglichen Nutzen stehen. Damit hängt wiederum der Faktor Zeit eng zusammen. Oftmals erlangt der Schnellere Vorteile im Markt. Deshalb sollte so gut wie möglich abgewogen werden, um wie viel die Qualität der Informationsbasis verbessert werden könnte, wenn man mehr Zeit (und Geld) investierte. Außerdem sind i.d.R. nicht alle gewünschten Daten beschaffbar. Letztlich wird der Produktmanager auch sein eigenes Wissen nutzen und mit seiner persönlichen Erfahrung sowie mit seinem Gespür seine Marketing-Entscheidungen treffen.

Die Aufgabenstellung der Marketingforschung aus Sicht des Produktmanagers lässt sich also wie folgt formulieren: Bereitstellung von Informationen als Grundlage für Produkt-Marketingentscheidungen. Unter Beachtung der betriebswirtschaftlichen Rahmenfaktoren gilt es, den Anteil der subjektiven individuellen Einschätzungen zugunsten von objektiven Informationen systematisch zu reduzieren. Aber auch Unmengen von Daten helfen dem PM nicht weiter. Er sollte sich auf solche konzentrieren, die ihm bei seiner Produkt-Marketingplanung direkt weiterhelfen.

Kernfragen zur Marktanalyse

- Was sollte ich über meinen Produktmarkt wissen?
- Welche Informationen brauche ich dafür?
- Woher lassen sich diese Informationen beschaffen?
- Wie kann ich die Informationen so aufbereiten und interpretieren, dass sie mir und den anderen Beteiligten möglichst gut die Ausgangssituation meines Produktes deutlich machen?

Dies sind die zentralen Problembereiche der Marketing-Forschung, mit denen wir uns näher auseinandersetzen wollen: Die Ermittlung des Informationsbedarfs, die Beschaffung von Informationen sowie deren Auswertung und Interpretation.

Welche Informationen werden benötigt?

Zunächst sollte der Produktmanager seinen Informationsbedarf klären. Dazu gehört nicht nur die Frage nach den Informationsinhalten, sondern auch nach deren Beschaffungsmöglichkeit, die Form der Aufbereitung, die Kosten sowie Festlegung der Verantwortlichkeit.

In der Regel versucht man, Informationen der letzten drei bis fünf Jahre zu recherchieren, um aus Zeitreihen Entwicklungen ablesen zu können.

Das folgende Bild veranschaulicht das Spektrum der Themenbereiche. Dieses Denkmodell, das auf jeden Produktmarkt anwendbar ist, zeigt die Beziehungen des Unternehmens zu seinen Marktpartnern unter Berücksichtigung des Wettbewerbs sowie der Einflussfaktoren in der sog. globalen Umwelt. Hieraus lassen sich die generellen Informationsbedarfsfelder ableiten.

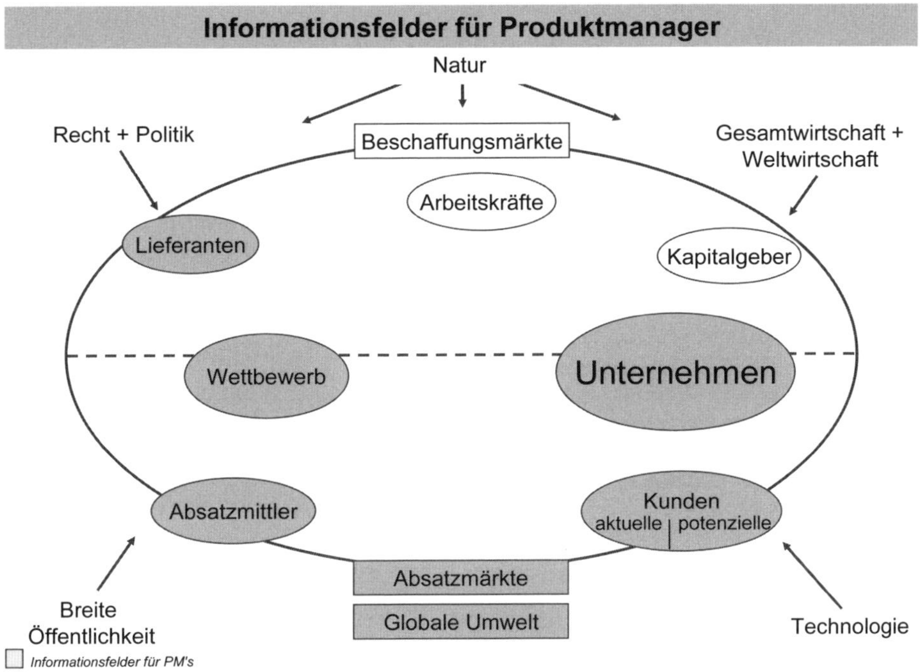

Wissen Sie genau, worauf Ihre Kunden wirklich Wert legen und wie gut die Wettbewerber diesen Anforderungen gerecht werden? Können Sie dies durch aktuelle Daten belegen? Nein? Aber wie können Sie ohne diese Informationen die "richtigen" Marketing-Entscheidungen für Ihr Produkt treffen? Schließlich besagt ja die Marketing-Philosophie, dass ein Produkt nur dann besonderen Erfolg haben wird, wenn es bessere Lösungen für die Probleme der Kunden bietet als der Wettbewerb. In gewissem Maße hängt der Erfolg eines Produkts aber auch von der Lieferantenseite ab. Beobachten Sie deshalb auch kontinuierlich die Entwicklungen auf Ihren relevanten Beschaffungsmärkten?

Auch die Natur und die Gesellschaft im Umfeld der bearbeiteten Märkte gilt es einzubeziehen. Denn auch sie beeinflussen den Erfolg des Unternehmens. Gerade in Zusammenhang mit der starken Belastung der Natur müssen sich viele Unternehmen der öffentlichen Kritik stellen. Im Extremfall reicht der öffentliche Druck bis hin zur Erlassung neuer Gesetze, die in das Geschäftsfeld des Unternehmens regulierend eingreifen. Produktmanager werden solche Veränderungen kaum verhindern, aber durch seine Marketingforschung sollte der PM diese Entwicklungen frühzeitig erkennen. In jeder Veränderung steckt auch eine Chance. Es gibt viele Beispiele, wo Unternehmen die Chancen einer verschärften Umweltgesetzgebung für sich nutzten, um eine internationale Führungsposition mit ihrem Produkt zu erreichen.

Um Ihnen die Erstellung eines auf Ihre Produkt-Marketingplanung ausgerichteten detaillierten Informationskatalogs zu erleichtern, haben wir Ihnen eine Checkliste zusammengestellt.

Checkliste zur Ermittlung des Informationsbedarfes - 1 -

Informationsbereiche	**Ist für mein Produkt**		
	sehr wichtig	auch interessant	weniger wichtig
1. Absatzmarktinformationen			
▪ Marktvolumen, Marktentwicklung und Marktpotenzial	O	O	O
▪ Marktanteil	O	O	O
▪ Bekanntheitsgrad	O	O	O
▪ Produkt- und Unternehmensimage	O	O	O
2. Kunden-Verwenderinformationen			
▪ Kundenstruktur und -verschiebungen	O	O	O
▪ Kundenpotenziale	O	O	O
▪ Bedarf und insbesondere auch unbefriedigte Bedürfnisse	O	O	O
▪ Einstellung zu uns und Zufriedenheit mit uns als Anbieter	O	O	O
▪ Verwenderinformationen	O	O	O
▪ Verhalten bei Informationsbeschaffung und Kaufentscheidung	O	O	O

Checkliste zur Ermittlung des Informationsbedarfes - 2 -

Informationsbereiche	Ist für mein Produkt		
	sehr wichtig	auch interessant	weniger wichtig
3. Wettbewerbsinformationen			
▪ Anzahl und Struktur der Wettbewerber	O	O	O
▪ Rechtsform, Konzernzugehörigkeit	O	O	O
▪ Kennzeichen der Hauptwettbewerber (z.B. Größe, Wachstum, Marktanteil, Gewinnsituation, Mitarbeiter, Organisation, Kapazitäten, Investitionen)	O	O	O
▪ Marketing- und Vertriebskonzept (z.B. Leistungsangebot, Innovationen, Serviceleistungen, Vertriebswege, Distributionsgrad, Vertriebsorganisation, Kundenschwerpunkte, Werbe- und Messeintensität, Preissystem, Preisklassen, Preiserhöhungen	O	O	O
▪ F+E-Kapazität und Know-how (z.B. Patente, Lizenzen, Mitarbeiter)	O	O	O
▪ Beschaffungssituation	O	O	O
▪ Produktionssituation	O	O	O

Checkliste zur Ermittlung des Informationsbedarfes - 3 -

Informationsbereiche	Ist für mein Produkt		
	sehr wichtig	auch interessant	weniger wichtig
4. Absatzmittlerinformationen			
▪ Bedeutung einzelner Kanäle für die Distribution eigener Produkte	O	O	O
▪ Struktur und Strukturverschiebungen (z.B. Konzentrationen u. Einkaufsmacht)	O	O	O
▪ Kaufentscheidende Kriterien	O	O	O
▪ Erwartungen der einzelnen Absatzkanäle an die Lieferanten	O	O	O
▪ Marketingkonzeption der Mittler	O	O	O
▪ Bedeutung von Absatzhelfern, Meinungsbildnern	O	O	O
5. Beschaffungsmarktinformationen			
▪ Lieferantenstruktur für A- oder Engpassprodukte	O	O	O
▪ Beschaffungsmittler (u.a. Handelsbetriebe, Industriemakler, Agenten)	O	O	O
▪ Position der Wettbewerber aus den Absatzmärkten bei den Hauptlieferanten	O	O	O
▪ Position sonstiger, branchenfremder Wettbewerber bei den Hauptlieferanten	O	O	O

Checkliste zur Ermittlung des Informationsbedarfes - 4 -

Informationsbereiche	Ist für mein Produkt		
	sehr wichtig	auch interessant	weniger wichtig
6. Informationen über die globale Umwelt			
▪ ökonomische Entwicklungen, z.B. volkswirtschaftliche Entwicklung (u.a. Wirtschaftswachstum, Inflation, Zinsniveau, Arbeitslosigkeit), weltwirtschaftliche Rahmenbedingungen (u.a. Handelsabkommen und -restriktionen, Wechselkursentwicklungen, wirtschaftliche Stabilität)	O	O	O
▪ sozio-kulturelle Entwicklungen, z.B. Struktur der Gesellschaft (u.a. Alterspyramide, Verstädterung), Wertewandel	O	O	O
▪ politisch-rechtliche Entwicklungen, z.B. Rechtsvorschriften, Einschränkungen und Förderungsmaßnahmen, Umweltauflagen für Unternehmen, Handlungen der Regierung und sonstiger politischen Institutionen (u.a. Besteuerung, Kartellaufsicht)	O	O	O
▪ technologische Entwicklungen ▪ Erfahrensinnovationen, Materialinnovationen, Produktinnovationen, Fortschritt der Informationstechnologie, technische Normen für Produkte	O	O	O
▪ ökologische Entwicklungen, z.B. Umweltverschmutzung, klimatische Bedingungen, Rohstoffversorgung, Verkehrssituation und sonstige Infrastrukturentwicklung	O	O	O

Checkliste zur Ermittlung des Informationsbedarfes - 5 -

Informationsbereiche	Ist für mein Produkt		
	sehr wichtig	auch interessant	weniger wichtig
7. Unternehmensinterne, produktrelevante Informationen			
▪ Umsatz, Absatz, erzielter Durchschnittspreis	O	O	O
▪ Kostenstruktur	O	O	O
▪ Finanzkraft	O	O	O
▪ Budgethöhe und -ausschöpfung	O	O	O
▪ Anzahl, Qualifikation, Motivation und Produktivität der Mitarbeiter	O	O	O
▪ Ausstattung mit Maschinen und deren Kapazitätsauslastung	O	O	O
▪ Bestände	O	O	O
▪ Produktspezifisches technologisches System-Know-how	O	O	O
▪ Beschaffungssituation (u.a. Lieferanten, Preise, Lieferqualität)	O	O	O
▪ Anzahl und Struktur der Produkt-Kunden	O	O	O
▪ Auftragsstruktur	O	O	O
▪ Reklamationen	O	O	O

Der Informationsbedarf des Produktmanagers zur Bestimmung der Ausgangssituation für sein Produkt richtet sich auf Vergangenheits- und Gegenwartsdaten. Als Grundlage für die zukunftsorientierte Planung benötigt er zudem fundierte Informationen über die wahrscheinliche zukünftige Entwicklung der Faktoren, die den Erfolg seines Produktes beeinflussen. Besondere Bedeutung haben hier Produktmarkt-Prognosen.

Wie lassen sich diese Informationen beschaffen?

Grundsätzlich bieten sich für Produktmanager zwei Ansatzpunkte zur Informationsbeschaffung an. Sie können spezielle Untersuchungen zu ihrem Problem durchführen, das heißt Primärforschung betreiben oder sie beschaffen sich Datenmaterial, das bereits verfügbar ist. In letzterem Fall spricht man von Sekundärforschung oder auch von Schreibtischforschung. Durch das Internet ist diese Art der Marktforschung heute sehr viel leichter durchführbar. Eine Vielzahl von Daten, z.B. von den Statistischen Ämtern, von Verbänden und Behörden lassen sich hier schnell und kostengünstig beschaffen. Der PM kann sich bei der Sekundärmarktforschung auf Basis eines genauen Briefings von anderen Abteilungen wie Marktforschung, Rechnungswesen oder Vertrieb unterstützen lassen. Darüber hinaus können auch spezielle Informationsbroker (Datenbankrechercheure) genutzt werden. Sekundärforschung gehört zu den ureigensten Aufgaben eines Produktmanagers.

Produktmanager können natürlich auch Primärforschung betreiben. Das saubere methodische Vorgehen erfordert jedoch entsprechendes Know-how und Zeit. Wenn beides ausreichend zur Verfügung steht, können sie solche Primärforschungen z.B. mit Hilfe des Vertriebs, der eigenen Serviceorganisation oder auch selbst durchführen. Andernfalls sollten externe Spezialisten wie Marktforschungsinstitute oder Unternehmensberater beauftragt werden.

Wann entscheidet sich der PM für Primär- oder Sekundärforschung?

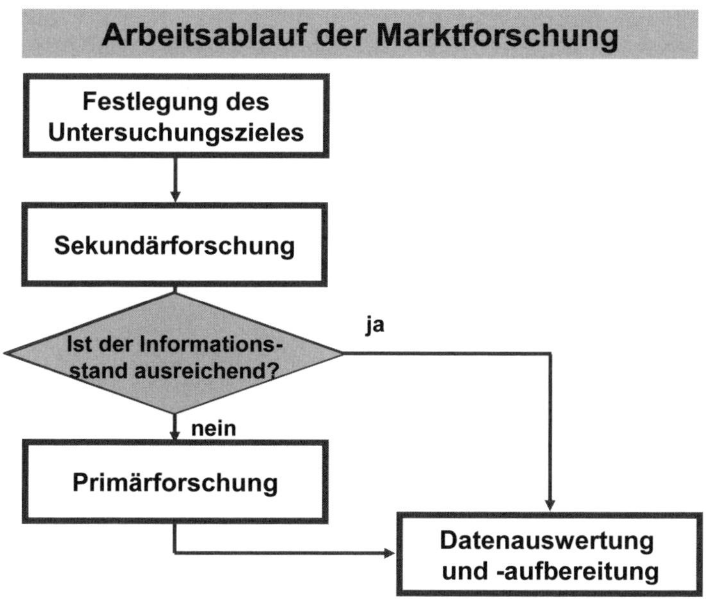

Primärforschung

Im Zuge der Primärforschung werden Informationen "aus erster Hand" gewonnen. Hierzu kann man zwei unterschiedliche Erhebungsmethoden einsetzen, die Beobachtung und die Befragung.

Beobachtung

Hier werden Marktinformationen durch "beobachten" erhoben. So kann beispielsweise eine Wettbewerbsanalyse mittels Beobachtung während einer Messe oder Ausstellung erfolgen. Hierzu ist ein Katalog wichtiger Beobachtungspunkte zu entwickeln, die dann beim Messebesuch systematisch erhoben und danach ausgewertet und dokumentiert werden.

Was lässt sich bei einem Messebesuch beobachten?

- Lage, Größe und Aufbau der Wettbewerbsstände,
- dargebotene Informationen über das jeweilige Konkurrenzunternehmen und seine Produkte,
- Informationen und neue Produktbereiche,
- Verhalten des Standpersonals,
- Reaktionen der Standbesucher.

Eine weitere Möglichkeit der Beobachtung ist das Scheinkaufgespräch oder auch Mistery Shopping. Hier finden fiktive Händlerbesuche statt, um zu ermitteln, mit welchen Argumenten das eigene oder Wettbewerbsprodukte angeboten werden. Außerdem kann man auf diese Weise die Produktkenntnisse des Verkaufspersonals, die Platzierung des Produkts im Verkaufsraum, die zum Vergleich hinzugezogenen Produkte, etc. feststellen.

Befragung

Im Zuge einer Befragung werden gezielt Auskünfte von Personen (z.B. Kunden, Handelspartnern, Lieferanten) eingeholt. Sie kann im direkten, persönlichen Gespräch, telefonisch oder auch schriftlich (per Brief, Fax oder Internet) erfolgen. Bei Telefonbefragungen geben Interviewer meist die Antworten direkt in spezielle Marktforschungssoftware ein, so dass sich die Daten sehr schnell auswerten lassen. Ein Hersteller von Netzwerktechnik lässt bspw. von seinem Vertriebsinnendienst regelmäßig die aktuellen Bedarfe seiner Kunden telefonisch abfragen. Da diese Daten anderweitig nicht beschaffbar sind, kann der PM auf diese Weise seinen Markt quantifizieren.

Mittlerweile gibt es auch einfache Software-Tools, die eine Internet-basierte Befragung unterstützen. Entweder als Anhang einer E-Mail oder als Pop-up auf der Firmen-Homepage wird ein kleines Programm aufgerufen, das die gewünschten Fragen erhält. Auch hier ist die Auswertung der gewonnen Daten sehr schnell und einfach möglich.

Als Grundlage der Befragungsgespräche, dient ein Fragenkatalog. In den Fällen, in denen man vor allem Wert auf unerwartete, freie Reaktionen der Befragten legt, benötigt man qualifizierte Interviewer, die eine fachlich einwandfreie und vor allem unverzerrte, d.h. nicht durch ihre persönliche Meinung beeinflusste Aufzeichnung des Gesagten sicher stellen. Wenn hingegen nur die Verteilung der Antworten auf bereits bekannte Antwortalternativen untersucht werden soll, kann man auch komplette Fragebogen gestalten, bei denen die Interviewer lediglich die gewählte Alternative ankreuzen oder geringfügige Eintragungen wie z.B. Zahlenwerte vornehmen müssen.

Die persönliche Befragung ist aufgrund der Interviewerhonorare und anfallender Reisekosten relativ kostspielig. Sie wird deshalb eher bei qualitativ ausgerichteten Erhebungen bei einer kleineren Zahl von Personen angewendet. Insbesondere in Fällen, in denen die Befragung neue, nicht absehbare Aspekte oder auch freie Assoziationen ermitteln soll, empfiehlt sich eine persönliche Befragung. Lassen sich aber die möglichen Antworten im Voraus spezifizieren, so kann ein Fragebogen mit überwiegend geschlossenen Fragen (Fragen mit Antwortvorgaben) per Post oder Telefax oder E-Mail versendet werden. Eine Stichprobe von mehreren Hundert oder gar Tausend Personen ist dann kein Problem. Die Erfahrungen mit schriftlichen Befragungen zeigen allerdings, dass meist nur ein kleiner Teil der Angeschriebenen antwortet; eine Rücklaufquote von mehr als 10 % gilt bereits als hoch. Gegenüber der persönlichen Befragung weist das schriftliche Vorgehen jedoch enorme Kostenvorteile auf.

Einfache, preiswerte und vom PM selbst zu nutzende Befragungsmöglichkeiten sind schriftliche Befragungen im Rahmen von Kundenschulungen oder Fachtagungen und persönliche Befragungen auf dem eigenen Messestand sowie Gruppengesprächsrunden mit Kunden.

Grundgesamtheit und Stichprobe

Die Menge aller Personen oder Unternehmen, über die man Informationen erheben will, wird als Grundgesamtheit bezeichnet. Werden alle aus der Grundgesamtheit (z.B. alle Kunden) befragt, so handelt es sich um eine Vollerhebung. Wenn dies zu aufwendig wäre, beschränkt man sich in der Marketing-Forschung auf eine Teilgesamtheit, die sog. Stichprobe.

Von den in der Stichprobe gewonnenen Erkenntnissen schließt man dann auf die Grundgesamtheit.

Die Qualität der Ergebnisse von Stichprobenerhebungen hängt in besonderem Maße von der Auswahl der untersuchten Personen ab. Heute gibt es statistische Auswahlverfahren, die mit einer bestimmten Wahrscheinlichkeit gewährleisten, dass man von den in der Stichprobe gewonnenen Erkenntnissen auf die Grundgesamtheit hochrechnen kann. Hier spricht man von einer repräsentativen Stichprobe.

Für produktstrategische Fragestellungen ist die Repräsentativität der Informationen jedoch nicht unbedingt erforderlich. Qualifizierte Expertengespräche des Produktmanagers, durch den Außendienst- bzw. Servicemitarbeitern oder einem externen Interviewer bei 30 bis 50 Marktpartnern können bereits wichtige Erkenntnisse für die Produkt-Strategie liefern.

Sonderformen der Primärforschung

Von einigen Marktforschungsinstituten wird die Beteiligung an branchenspezifischen Gemeinschaftsuntersuchungen angeboten. Außerdem gibt es die Möglichkeit, sich mit einzelnen Fragen in Mehrthemenbefragungen "einzukaufen". Man spricht hier auch von Omnibusuntersuchungen.

Außerdem gibt es sog. Paneluntersuchungen. Hier wird eine weitgehend konstante Stichprobe in regelmäßigen Abständen befragt. Auf diese Weise lassen sich Veränderungen (z.B. des Bestellverhaltens) im Zeitablauf messen. Paneluntersuchungen werden sowohl auf Handelsebene wie auch bei Konsumenten(haushalten) durchgeführt. Solche Daten gibt es vorwiegend für PMs im Konsumgüterbereich.

Sekundärforschung

Bevor Sie in Primärforschung investieren, sollten Sie als Produktmanager immer erst recherchieren, ob es irgendwo für ihre Fragestellungen bereits geeignetes Informationsmaterial gibt. Aber wohin können Sie sich wenden? In der nachfolgenden Tabelle finden Sie einige Anregungen, wobei in unternehmensinterne und -externe Quellen unterschieden wird.

Quellen der Sekundärforschung

Interne Informationsquellen:

- betriebliches Rechnungswesen
- Berichte des Außendienstes
- Messeberichte
- Dokumentationen des eigenen Servicepersonals
- Meinungen und Vorschläge von sonstigen Mitarbeitern
- Vertriebs- bzw. Auftragsstatistik
- dokumentierte Kundenreaktionen (z.B. Beschwerden, geäußerte Wünsche)
- Ergebnisberichte früherer Primäruntersuchungen
- CAS/CAM

Externe Informationsquellen:

- Veröffentlichungen von staatlichen und kommunalen Institutionen wie z.B.
  - Jahreswirtschaftsbericht der Bundesregierung
  - Statistiken von Bundesministerien und -ämtern
  - Veröffentlichungen von statistischen Landesämtern und dem statistischen Bundesamt in Wiesbaden (u.a. Statistisches Jahrbuch, Umsatzsteuerstatistik, Produktionsstatistik, Preis- und Lohnstatistik, Außenhandelsstatistik)
  - Berichte der Deutschen Bundesbank
  - Bundesstelle für Außenhandelsinformation
  - deutsche und internationale Handelskammern
  - Handbücher internationaler Organisationen, wie OECD
- Branchen- und Firmenhandbücher, Einkaufsführer, Bezugsquellenverzeichnisse
- Kataloge von Messen und Ausstellungen
- Publikationen von Verbänden (Mitgliederverzeichnisse, Branchenberichte und Statistiken)
- Auskünfte von Banken und Auskunfteien
- Kataloge von Adress-Verlagen

- Veröffentlichungen von Unternehmen (z.B. Selbstdarstellungsbroschüren, Geschäftsberichte, Kataloge, Preislisten)
- Berichte in Tages- und Wochenzeitungen, Zeitschriften sowie im Rundfunk
- Archivbestände der Fach- und Wirtschaftspresse
- Fachbücher und Artikel in Fachzeitschriften
- Veröffentlichungen von Verlagen, Hörfunk- und Fernsehsendern
- Berichtsbände von bereits durchgeführten Marktstudien (in einigen Fachzeitschriften wie Absatzwirtschaft, Marketing Journal und W & V finden sich regelmäßig umfangreiche Meldungen über aktuelle Studienangebote)

Nützliche Internet-Adressen für die Sekundärforschung

Statistische Ämter

Statistisches Bundesamt – Deutschland	**www.destatis.de**	Produktions-/Import-/Export-statistiken, Statistische Baumarktdaten, Krankenhäuser, etc.
Statistisches Amt – Österreich	**www.statistik.at**	Informationen zur den Rubriken Unternehmen, Bevölkerung, Arbeitsmarkt, Außenhandel, Tourismus, Handel, Dienstleistungen, Produktion, Bauwesen, Verkehr, Energie etc.
Bundesamt für Statistik – Schweiz	**www.bfs.admin.ch/bfs/portal/de/index.html**	Informationen zu Banken, Bauen, Bevölkerung, Industrie und Dienstleistungen etc.
EUROSTAT – Statistisches Amt der Europäischen Union	**http://europa.eu.int/comm/eurostat**	Statistiken aller EU-Länder z.B. Außenhandelsstatistik, Wirtschafts-, Sozial- und Regionalstatistiken der Europäischen Union
STAT USA	**www.stat-usa.gov**	Statistisches Dienst des US-Amerikanischen Wirtschaftsministerium
	www.welt-in-zahlen.de/aemter.phtml	Übersicht über alle statistischen Ämter weltweit

Quellen für internationale Marktdaten

Herausgeber	Homepage	Leistungen
Bundesstelle für Außenhandels informationen	**www.bfai.de**	Datenbanken zu 150 Ländern (Wirtschaftstrends, Konjunkturdaten, Geschäftspartner, Kontaktstellen)
Deutsche Außenhandelskammern	**www.ahk.de**	Kostenpflichtige Ländermarktstudien
Weltbank	**www.worldbank.org**	Länderberichte und statistische Daten
Bundesministerium für Wirtschaft und Arbeit	**www.ixpos.de**	Außenwirtschaftsportal: internationale Länder- und Branchenprofile
Euro-Pages	**www.europages.com**	Europäischer Adressbuchverleger-Verband
IKB-Bank	**www.ikb.de**	Länderanalysen zum Download
Frost & Sullivan	**www.frost.com**	Marktforschungsberichte für internationale Investitionsgütermärkte
Data Service und Information	**www.statistische-daten.de**	Internet Shop: Nationale und internationale Wirtschaftsstatistiken mit Links auf alle wichtigen europäischen Statistiken
Festland-Verlag	**www.oeckl.de**	Taschenbuch/CD des öffentlichen Lebens in Europa – Adressen von Verbänden, Behörden, Instituten nach Stichworten
Google	**www.google.de**	Seiten übersetzen lassen und dann nach Herstellerseiten suchen
OECD	**www.oecd.org**	Außenhandelsstatistiken, Makroökonomische Datenbanken,

Verbände/Behörden

Institut/Verlag	Homepage	Leistungen
Imago Informationstechnologie GmbH	**www.verbaende.de**	Verbände Verzeichnis mit über 5.000 aktuellen Anschriften, Nachrichten aus Verbänden, Branchenstatistiken, Internetservice für Verbände
Industrie- und Handelskammern	**www.ihk.de**	Datenbank: DL-online mit Brancheninfos für den Mittelstand (Branchenforum, Statistiken, gesetzliche Grundlagen, Übersichten über Fachverbände, Fachmagazine)
Deutscher Industrie und Handelstag	**www.diht.de**	Informationen zu Auslandsmärkten, Technologien, Recht usw.
Institut der deutschen Wirtschaft Köln	**www.iwkoeln.de**	Links zu Wirtschaftsforschungsinstituten, statistischen Ämtern, Datenbanken, Verbänden
Deutsches Patent- und Markenamt	**www.patent-und-markenamt.de**	Registrierung von Marken; Recherche

Wirtschaftsdatenbanken

Banken	Homepage	Leistungen
Genios Wirtschaftsdatenbanken – Verlag Handelsblatt	**www.genios.de**	Informationen über Firmen, Beteiligungen, Kooperationen, Bilanzen, bibliographische u. Volltextdatenbanken
Fachinformationszentrum Technik	**www.fiz-technik.de**	Datenbank zur Recherche über Wirtschafts- und Branchendaten (B2B)
Forum für Wissenschaft, Industrie + Wirtschaft	**www.innovations-report.de**	Mehr als 31.000 ausgewählten Veröffentlichungen zukunftsorientierter Unternehmen und renommierter wissenschaftlicher Einrichtungen aus 15 Fachrichtungen zählt der Innovations-Report zu den umfangreichsten und anspruchsvollsten Informationsplattformen im Internet

Banken

Banken	Homepage	Leistungen
IBK-Bank	**www.ikb.de**	Branchenanalysen zum Download
Commerzbank	**www.commerzbank.de/branchen**	Branchenreport Deutschland, Konjunkturdaten, Kurzportraits ausgewählter Branchen
Hypo Vereinsbank	**www.hypovereinsbank.de**	Ausgewählte Branchenreports (Stichwort: Research)

Marktstudien, Marktforschungsinstitute, Brancheninformationen

Institut/Verlag	Homepage	Leistungen
White Grid	www.study-boy.com	Suchmaschine für Marktstudien aller Art – auch internationale Studien in der Datenbank enthalten.
Forrester-Research	www.forrester.com	Marktforschungsinstitut, das sich auf E-Commerce-Untersuchungen spezialisiert hat
Booz Allen & Hamilton Unternehmensberatung	www.boozallen.de/content/publikationen	Branchenanalysen zum Download
BBE-Unternehmensberatung	www.bbeberatung.com	Marktstudien (Schwerpunkt: Konsumgütermärkte)
Ifak-Institut für Meinungsforschung	www.ifak.de	Marktstudien
Gesellschaft für Konsumforschung	www.gfk.de	Marktforschungsberichte, Omnibus-Befragungen, Verbraucher-Panels,
Ifo-Institut für Wirtschaftsforschung	www.ifo.de	Ifo-Schnelldienst, Ifo-Wirtschaftskonjuktur, ifo-Branchenservice
Industrieschau-Verlagsgesellschaft	www.abconline.de	Fachhefte zur Kunststoff-Textil-, Eisen-, Blech-, Bekleidungs- Elektro-, Gießerei-, Möbel-, Nahrungs- und Genussmittel-Industrie
Gruner & Jahr	www.co.guj.de	Branchenbilder, MARIA (Basisinformationen für Marktanalysen)
Axel-Springer-Verlag	www.asv.de	Serie: Märkte, Infos für die Werbeplanung z.B. Kfz
IWT Magazin Verlags-GmbH	www.profikiosk.de	Überblick über Fachzeitschriften

Institut/Verlag	Homepage	Leistungen
Focus	**http://medialine.focus.de/**	Kostenlose Marktstudien zum Download
Handelsblatt	**www.handelsblatt.com**	Informationen zu Branchen und Unternehmen
FH Brandenburg	**www.fh-brandenburg.de/~hoeft/toolbox/mf-index.htm**	Übersichtliche Sammlung von Marktforschungsquellen

Das Internet erleichtert ganz wesentlich den Zugriff auf viele der zuvor genannten externen Informationsquellen. Statistiken von Verbänden oder Behörden sind online abrufbar. Aus Homepages und Online-Katalogen der Wettbewerber lassen sich Produkt- und Serviceleistungen und manchmal sogar Preise ermitteln. Archive von Zeitschriften können nach Stichwörtern durchsucht werden. Verlassen Sie sich allerdings nicht nur auf Suchmaschinen bei Ihrer Recherche. Das persönliche Gespräch mit Mitarbeitern von Archiven, Statistischen Ämtern oder Verbänden hilft häufig gerade auch bei qualitativen Fragestellungen weiter.

Vorteile der Sekundärforschung

- niedrige Kosten
- Schnelligkeit
- Bequemlichkeit

Schwächen der Sekundärforschung

- Problemrelevanz, also inwieweit die Daten genau auf den jeweiligen Produktmarkt zugeschnitten sind, sowie der
- Aktualität, da umständehalber der Zeitpunkt der Datenerhebung zumindest einige Monate – bei der staatlichen Statistik zum Teil sogar 2 bis 3 Jahre – zurückliegt,
- Arbeitsaufwand beim erstmaligen Finden geeigneter Quellen.

Sollten Sie über ein Budget für Primärforschung verfügen, so verwenden Sie dies gezielt zur Deckung der nach Abschluss der Sekundärforschung noch bestehenden Informationslücken. Durch dieses zweistufige Vorgehen wird eine betriebswirtschaftlich sinnvolle Kosten-Nutzen-Relation bewirkt.

Informationsbeschaffung ist für Produktmanager eine Daueraufgabe. Nicht erst zu Beginn der Planungszeit, sondern kontinuierlich über das ganze Jahr sollten aktuelle Informationen beschafft und gesammelt werden. Wichtig erscheint uns, dass PMs nicht nur Schreibtischforschung betreiben, sondern selbst regelmäßig draußen im Markt sind, um mit Interessenten, Kunden, Anwendern oder Handelspartnern zu sprechen. Hier geht es neben dem Beschaffen von hard facts auch um das Erspüren der Stimmungslage, um das Erfahren von Wünschen, Erwartungen und Problemen oder um Neuigkeiten vom Wettbewerb. Erfolgreiche Produktmanager verschaffen sich eigene Marktinformationen und damit ein eigenes Bild vom Produkt-Markt und bereiten nicht nur Vertriebsdaten neu auf.

Planen in die Zukunft ohne echtes Wissen über die Zukunft?

Eine vollständige Informationsbasis für die Produkt-Marketingplanung beinhaltet neben Informationen über die aktuelle Situation auch eine Einschätzung der Entwicklungen während des gesamten Planungshorizonts. Hierin liegt eine besondere Herausforderung für den Produktmanager: Er muss heute nicht nur Entscheidungen für das nächste Jahr, sondern auch für einen mittelfristigen Zeitraum treffen oder zumindest mittragen, obwohl niemand genau sagen kann, was genau in der Zukunft passieren wird. Wie kann man mit diesem Problem zurechtkommen?

In der Marketingpraxis werden teils quantitative Prognosemethoden (z.B. Regressionsanalyse, Trendextrapolation) eingesetzt, die alle denselben Grundgedanken haben: Sie schreiben Vergangenheitsentwicklungen auf teils einfache, teils sehr komplexe Weise in die Zukunft fort. Die Welt aber wandelt sich heute fortlaufend und häufig sehr überraschend. Wer hätte bspw. eine solche Explosion des Ölpreises vorhersagen können? Quantitative Verfahren lassen sich deshalb allenfalls für kurzfristige Prognosen wie z.B. die Schätzung der Verkaufszahlen während der nächsten 12 Monate einsetzen – und hier auch nur mit einem kritischen Bewusstsein über die Aussagekraft der Daten.

Für die Beschäftigung mit der mittelfristigen Zukunft – an eine Vorhersage ist hier sowieso nicht zu denken – eignen sich lediglich die qualitativen Verfahren wie die Delphi-Methode und die Szenario-Technik. Bei der Delphi-Methode handelt es sich um eine systematische Expertenbefragung in mehreren Runden, wobei die Experten zur Vermeidung direkter gegenseitiger Beeinflussung gewöhnlich untereinander anonym bleiben. Zwischen den Befragungsrunden erhalten die Teilnehmer Zusammenfassungen der jeweils aktuellen Gruppenergebnisse. Daraus ergeben sich Anregungen oder auch neue Ideen zur Überprüfung oder Weiterentwicklung der eigenen Meinung zu diesem Thema. Bei Durchlauf mehrerer Runden, so hofft man, stelle sich allmählich eine mehr oder minder deutliche Gruppenmeinung heraus, die auf die wahrscheinlichste Zukunftsentwicklung schließen lässt. Delphi-Befragungen werden seit vielen Jahren insbesondere zur Prognose langfristiger technologischer Entwicklungen eingesetzt.

Die Szenario-Technik wird in der Praxis dagegen häufig von Projektgruppen benutzt. Ausgehend von einer möglichst genauen Beschreibung der Ist-Situation versucht man dabei, alternative Entwicklungspfade durch systematische Aneinanderkettung von Ereignissen abzuleiten. Typischerweise wird hierfür alternativ ein sehr pessimistisches, ein sehr optimistisches sowie ein (soweit das beurteilbar ist) plausibles, gemäßigtes Szenario entwickelt. Anschließend beschäftigt man sich damit, wie auf diese Entwicklungen zu reagieren wäre.

Bei der Anwendung der Szenario-Technik- und dies trifft auch in gewissem Maße für die Delphi-Methode zu – steht im Mittelpunkt des Erkenntnisinteresses nicht so sehr das eigentliche Prognoseergebnis i.S. einer echten Vorhersage. Vielmehr ist der Weg das Ziel: Durch die Beschäftigung mit alternativen möglichen Zukunftsverläufen soll ein Schärfung der Intuition eintreten: Zum einen soll das Verständnis für so genannte kritische (bedeutsame) Einflussfaktoren wachsen, zum anderen ein frühzeitiges Erkennen schwacher Signale als Vorboten wichtiger Veränderungen wahrscheinlicher werden. So kann ein Produktmanager wertvolle Zeitvorsprünge gegenüber dem Wettbewerb erlangen, die wiederum erweiterte Handlungsspielräume bedeuten.

Wie lassen sich die Informationen systematisch aufbereiten und auswerten?

Um zu einer entscheidungsfähigen Informationsbasis zu gelangen, sind die erhobenen Daten vorher aufzubereiten, auszuwerten und zu interpretieren.

Der Auswertung von qualitativen Daten (in Textform) muss eine Sortierung und Zusammenfassung vorausgehen.

Für quantitative Daten (in Form von Zahlen) werden statistische Verfahren herangezogen. Möglich sind Berechnungen des Durchschnitts sowie der Streuung einer Reihe von Zahlenwerten. Quantitative Daten können aber auch mit Hilfe von Kennzahlen verdichtet werden. Solche Kennzahlen ermöglichen die einfache und übersichtliche Beurteilung der eigenen Ausgangssituation im Produkt-Markt. PM-relevante Kennzahlen setzen die Erfolge des eigenen Produktes in Relation zum gesamten Produkt-Markt.

Welche Kennzahlen kann der PM nutzen?

- Zielgruppenausschöpfung: Wertmäßig: Umsatz mit Produkt A in der Zielgruppe von A in Relation zum Marktvolumen dieses Produktes. Oder numerisch: Anzahl der Kunden, die Produkt A gekauft haben in Relation zur Gesamtgröße der Zielgruppe
- Regionale Gebietsausschöpfung: Umsatz mit Produkt A im Land X in Relation zum Produkt-Marktvolumen in diesem Land
- Numerische Distribution: Anteil der bei uns kaufenden Händler an der Gesamtheit der in Frage kommenden Händler
- Lost-Order-Rate: Anteil der verlorenen Aufträge an der Gesamtheit der abgegebenen Angebote
- Kundenverlust-Rate bei regelmäßigen Käufen: Anteil der verlorenen Kunden an der Kundengesamtzahl.

Der nächste Schritt besteht in der zusammenfassenden Darstellung der Ergebnisse in Tabellen, Schaubildern und Grafiken, um eine gute Verwendbarkeit für die Bewertung von Entscheidungsalternativen sicherzustellen. Eine gelungene Darstellung erleichtert die anschließende Interpretation der Ergebnisse erheblich.

Diese verdichteten Ergebnisse werden dann hinsichtlich ihrer Wirkung auf das Produkt bewertet. Stellen sie Chancen oder Risiken dar? Weist die eigene Marktposition Stärken oder Schwächen im Wettbewerbsvergleich auf?

Ständig aktuelle Dokumentation mittels eines Produkt-Marketingfactbook

In der Praxis hat sich eine kontinuierliche Informationsarbeit durch Anlegen und Pflege so genannter Marketing-Factbooks bewährt. Dabei handelt es sich um Ablagesysteme oder um elektronische Datenbanken, in denen, vernünftig gegliedert, sämtliche für das jeweilige Produkt relevanten Informationen aus dem Unternehmen, den Märkten sowie der globalen Umwelt gesammelt und aufbereitet werden.

Ein großer Vorteil solcher Factbooks besteht darin, dass sämtliche wichtigen Informationen schnell und übersichtlich parat sind, z.B. bei wichtigen Entscheidungen, Abstimmungsgesprächen mit dem Marketingleiter oder Vertriebsschulungen. Gegebenenfalls kann sich auch ein Stellvertreter oder Nachfolger damit schnell in diesen Produktmarkt einarbeiten. Außerdem wird so das Produkt-Markt-Wissen für das Unternehmen gesichert.

Aufbau und Pflege eines solchen Produkt-Marketingfactbooks gehören zu den wichtigsten Aufgaben jedes Produktmanagers. Ihr Produkt-Marketingfactbook kann beispielsweise in zwei wesentliche Teile gegliedert sein, einen eher internen Teil zur Produktdokumentation und einen eher externen, marktorientierten Teil über den Produkt-Markt.

Aufbau eines Produkt-Marketingfactbooks
Produktdokumentation (intern)

- Dokumentation/Beschreibung des Produkts und seiner Varianten
- Kennzahlen zur Entwicklung des Produkts (z.B. Absätze, Umsätze, Preise, Deckungsbeiträge)
- Produktkalkulationen
- Nutzen-/Verkaufsargumente
- Produktprospekte und Preislisten
- Werbebriefings und Beispiele von Werbemitteln
- Bisherige Produkt-Marketing-Pläne.

Produkt-Markt-Dokumentation (extern)

- Entwicklungen im Absatzmarkt, speziell im relevanten Produktmarkt, u.a.
    * Marktgröße, Marktentwicklung, gesamt und nach Marktsegmenten
    * Marktprognose
    * Entwicklung der Marktposition des Produkts (Marktanteil nach Menge, Wert und Imageposition)
- ggf. einzelne Ländermärkte
- Markttrends
- Exogene Einflussfaktoren; globale Umwelt (z.B. Gesetze, Technologie, Wirtschaftsentwicklung)
- Zielgruppen
- Hauptwettbewerber
- Absatzmittler
- Beschaffungsmarktentwicklungen, insbesondere bei wichtigen Lieferanten
- Entwicklungen in vor- und nachgelagerten Branchen.

Ein besonderes Problem bei der Pflege der Factbooks liegt in der Sammlung der Wettbewerbsinformationen. Viele Unternehmen besitzen umfangreiches Wissen über die Wettbewerber, das aber auf viele Personen verteilt ist. Hier ist es Aufgabe des Produktmanagers "gute" Informationsquellen zu erkennen und diese zu motivieren, ihr Wissen regelmäßig an den Produktmanager weiterzugeben.

Wenn die verschiedenen Produktmanager gegen die gleichen Hauptwettbewerber konkurrieren, empfiehlt sich eine zentrale Wettbewerbsdatenbank, z.B. beim Marketingleiter oder in der Marktforschung, anzulegen. Dort erfolgt die Zusammenführung sämtlicher Wettbewerbsinformationen aus möglichst vielen Abteilungen. Jeder Produktmanager kann auf diese Wettbewerbsdaten zugreifen.

Das Produkt-Marketingfactbook liefert Daten und Fakten, die der PM benötigt, um sich rechtzeitig auf Veränderungen einstellen zu können. In Veränderungen liegen für Unternehmen zwar oft erhebliche Risiken (z.B. Bedrohung durch Substitutionsprodukte, Auftauchen neuer Wettbewerber aus dem Ausland), die zu Anpassungen zwingen. Häufig können solche Veränderungen jedoch zu Chancen werden, indem der PM sie frühzeitig, d.h. vor den Wettbewerbern der eigenen Branche, "erspürt" und agiert. Im Bewusstsein jedes Produktmanagers sollte deshalb verankert sein, in Veränderungsprozessen zu denken und die ständige Evolution des Marktes und der globalen Umwelt aktiv in die eigene Arbeit einzubeziehen.

In welcher Weise aus Informationen Schlüsse auf die erfolgversprechendste Produkt-Marketingstrategie gezogen werden können, ist Gegenstand des nächsten Abschnitts.

3.4 Wie findet der Produktmanager zu der erfolgversprechendsten Strategie für sein Produkt?

Schneller Erfolg ist verführerisch, auch für Produktmanager. Eine Orientierung an kurzfristigen Erfolgen birgt die Gefahr, in blinden Aktionismus zu verfallen. Als nächstes werden deshalb auf der Basis der Analyseergebnisse Ziele für das Produkt-Marketing gesetzt und der Weg zur deren Erreichung in Form einer Produkt-Strategie entwickelt. Eine strategisch fundierte Konzeption schafft Orientierung, setzt Prioritäten und koordiniert die Umsetzungsmaßnahmen. Sie stellt sicher, dass die knappen Ressourcen des Unternehmens (Mitarbeiter, Finanz- und Sachmittel) vom Produktmanager effizient eingesetzt werden – und zwar möglichst besser, als dies die Wettbewerber tun.

Festlegung von Produkt-Marketingzielen

Kann der Produktmanager überhaupt Erfolg haben, ohne sich Ziele gesetzt zu haben? Wohl kaum, denn wie will man beurteilen, ob Ergebnisse besonders gut oder schlecht sind, wenn hierfür der Maßstab fehlt? Erfolg hat nur der PM, der seine Produktziele erreicht oder vielleicht sogar übertrifft.

Zunächst sollen die Produkt-Marketingziele beschreiben, was der Produktmanager mit seinem Produkt am Ende des Planungshorizonts erreicht haben möchte. Damit wird eine globale Richtung für das Produkt festgelegt. Nach der Entscheidung über die mittelfristige Produkt-Strategie geht es darum, präzise und messbare Soll-Ergebnisgrößen für das Folgejahr zu setzen.

Zieldimensionen der Produkt-Marketing-Planung

- **Marktziele**
  - Positionierungsziel (Ziel-Position bei den Zielgruppen im Vergleich zu Wettbewerbsprodukten)
  - Marktanteilsziel (Menge bzw. Wert der eigenen Absätze in Relation zum prognostizierten Gesamtmarkt)
  - Käufer-/Verwenderziel (z.B. Erschließung neuer Verwenderkreise, Erhöhung der Zahl der Großkunden)
  - Absatzmittlerziel (z.B. bevorzugter Vertriebsweg, angestrebter Distributionsgrad, d.h. wie viel Prozent der möglichen Mittler das Produkt tatsächlich führen sollen)
  - Wettbewerbsziel (z.B. Anstreben der Qualitätsführerschaft)
- **Abgeleitete Ziele für die Marketing-Instrumente**
  - Produkt- und Sortimentsziel (z.B. Verbesserung der Produktqualität, Sortimentserweiterung, um Kundenprobleme komplett lösen zu können)
  - Serviceziele (z.B. Erleichterung der Kaufentscheidung durch Unterstützung in der Vorkaufsphase)
  - Preis- und Konditionenziel (z.B. Realisierung eines bestimmten Durchschnittspreises, Zielpreis zur Erreichung eines gewissen Deckungsbeitrags)
  - Distributionsziel (z.B. Steigerung der Erfolgsrate bei Neuakquisitionen, Verbesserung der Beratungsleistungen des Außendienstes, Verbesserung der Liefergeschwindigkeit)

* Kommunikationsziel (z.B. Erhöhung des Bekanntheitsgrades, Verstärkung der Imagedimension "fortschrittlichste Produkttechnologie")

- **Quantitative Ziele**
  * Absatzziel (z.B. Verdoppelung der Absatzmenge von 100.000 auf 200.000 Stück bis in drei Jahren)
  * Umsatzziel (z.B. Erzielung eines Produktumsatzes von X Euro in Frankreich im zweiten Jahr nach der Markteinführung)
  * Deckungsbeitragsziel (z.B. Halten des DB I bei 41 % trotz sinkender Preise)
  * Kostenziel (z.B. Reduzierung der Verpackungskosten um 10 % in einem Jahr)

Bei der Festlegung der Ziele für sein Produkt sollte der PM auch überprüfen, inwieweit er gesellschaftliche und ökologische Ziele seines Unternehmens berücksichtigen kann. Denkbar sind Beiträge zur Lösung sozialer Probleme (z.B. Entwicklung von Produkten, die auch von Behinderten produziert werden können) oder zum Umweltschutz (z.B. Verbesserung der Umweltfreundlichkeit der Produkte).

Worauf sollte der PM bei der Zielformulierung achten?

Zu viele Ziele nutzen so viel, wie gar kein Ziel! Damit die Produkt-Marketingziele ihren Zweck erfüllen, dürfen sie nicht nur auf dem Papier (d.h. im Produkt-Marketingplan) stehen, sondern sie müssen allen, die am Produkterfolg mitwirken, bewusst sein. Beschränken Sie sich deshalb auf eine überschaubare und damit merkfähige Anzahl wichtiger Ziele für Ihr Produkt.

Produkt-Marketingziele sollen möglichst operational, d.h. messbar und damit kontrollierbar formuliert werden.

Was muss eine Zielformulierung enthalten?

- Inhalt (Was?),
- Ausmaß (Wie viel davon?) und
- zeitlichem Bezug (Bis wann?)

Zielformulierungen sollten kurz, präzise, klar verständlich und nicht widersprüchlich zu anderen Zielen erfolgen. Wir empfehlen Produktmanagern besonders darauf zu achten, dass sie ihre Ziele positiv formulieren und dass ihre Zielaussagen von anderen Personen nachvollziehbar sind. Produkterfolg stellt sich erst in der Umsetzung ein und dazu benötigt der

PM die engagierte Mitarbeit anderer Abteilungen und externer Dienstleister, die seine Ziele verstehen.

Entwickeln Sie herausfordernde, aber auch realistische Zielvorgaben. Nur wenn die Zielerreichung im Bereich des Möglichen liegt, kann ein Ziel zu besonderem Einsatz motivieren. Den Realitätsbezug sichern Sie, indem Sie sich auf Ihre Analyseergebnisse stützen. Wachsen im stagnierenden oder sogar schrumpfenden Markt ist möglich, wenn ich deutliche Stärken habe! Nutzen Sie die Möglichkeit, Zielvereinbarungen mit Kollegen anderer Abteilungen gemeinsam zu erarbeiten (Planungsteam).

Produkt-Marketingziele sind der Maßstab für den Produkterfolg. Lassen sie sich bei der Formulierung von Zielen, die Sie nicht genau 'greifen' also quantifizieren können, von folgender Frage leiten: "Woran werde ich später merken, dass ich das Ziel erreicht habe?" Diese Frage weist Ihnen vielleicht den Weg zu einer anderen Kennzahl, mit der Sie Ihr Ziel indirekt messbar machen können. Das nicht messbare Ziel 'Steigerung der Produktqualität' könnte z.B. über die 'Senkung der Reklamationsquote auf x %' greifbar gemacht werden.

Produkt-Strategien

Marketingstrategien sind Wege zur Erreichung der Produkt-Marketingziele. Sie sind längerfristige Verhaltenspläne, die die Rahmenbedingungen für den Einsatz der Marketing-Instrumente vorgeben. Verschiedene Autoren haben Denkmodelle entwickelt, die bei der Strategiefindung helfen sollen.

Denkmodelle zur Strategiefindung für den PM

- Wachstumsstrategien
- Marktbearbeitungsstrategien
- Wettbewerbsstrategien

In der Regel steht Wachstum im Mittelpunkt des Interesses aller PMs. In Zeiten von Konjunkturflauten oder aber bei fehlenden Marktperspektiven (z.B. in schrumpfenden Märkten) sollten aber auch Konsolidierungs- oder gar Rückzugsstrategien erwogen werden.

Für die Wahl der "richtigen" Basisstrategie gibt es keine allgemeingültigen Empfehlungen. Die nachfolgend dargestellten Denkmodelle können dem PM helfen, unter Berücksichtigung der Marktsituation, der Rahmenbedingungen im Unternehmen und im Umfeld, eine Erfolg versprechende Produkt-Strategie zu entwickeln.

Wachstumsstrategien

Das Hauptstreben von Unternehmen und damit auch von Produktmanagern besteht in der Ausweitung ihres Markterfolges. Dafür gilt es, entsprechende Wege in Form von Wachstumsstrategien zu finden. Hierbei kann das von Igor Ansoff entwickelte Denkmodell helfen.

Strategische Denkansätze - Produkt-Markt-Matrix nach Ansoff

Produkte/ Leistungen \ Märkte/ Zielgruppen	bestehende	neue
bestehende	Markt-durchdringung	Markt-erschließung
neue	Produkt-entwicklung	Diversifikation

(Quelle: Ansoff, 1966, S. 132)

In dieser Matrix werden vier Wachstumsansätze in Form von unterschiedlichen Produkt-Markt-Kombinationen aufgezeigt: Marktdurchdringung, Produktentwicklung, Markterschließung und Diversifikation.

- **Marktdurchdringungs-Strategie:**

Hier versucht der Produktmanager, aus den vorhandenen Produkten auf den heutigen Märkten durch Intensivierung seiner Marketinganstrengungen noch mehr herauszuholen, also seinen Marktanteil im heute bearbeiteten Markt zu vergrößern. Die Marketingschwerpunkte liegen meist auf Verkauf und Werbung. So führte bspw. der Produktmanager 'Büroeinrichtungen' eines mittelständischen Herstellers, zusätzlich zu Anzeigenwerbung im Spiegel und im Manager Magazin, eine Direct Mailing-Aktion durch. Hierzu kaufte er von einem Adressverlag die Daten von Dienstleistungsunternehmen, deren Existenzgründung zwischen 2 und 3 Jahren zurücklag. Da diese Zielgruppe sich erfahrungsgemäß in der Phase ihres ersten Wachstumssprungs befindet, weist sie ein besonders hohes Akquisitionspotenzial auf. Der Erfolg gab dem PM Recht: mit Werbung und Außendiensteinsatz konnte der Marktanteil in den darauf folgenden 12 Monaten in diesem Segment um 8 % erhöht werden.

- **Produktentwicklungs-Strategie:**

Der Produktmanager kann auch das wertvolle Kundenpotenzial seines bisherigen Produkts nutzen und neue Produkte für diese Abnehmer entwickeln. Eine sorgfältige Ausrichtung auf bislang nicht oder zumindest nicht optimal befriedigte Kundenbedürfnisse ist der Schlüssel zum Erfolg. Im Fall wirklicher Marktneuheiten muss das Unternehmen über genug Ressourcen verfügen, um die Innovation am Markt durchzusetzen bzw. diesen evtl. sogar erst zu schaffen. Ein auf die kundenspezifische Entwicklung von CRM spezialisiertes Softwarehaus hat z.B. auf häufige Anfragen von Kunden hin auch den Verkauf und die Installation von Computernetzwerken begonnen, wobei die technische Abwicklung über Unterauftragnehmer erfolgt. Auf diese Weise kann dem Kunden eine komplette Systemlösung aus einer Hand geboten werden. Dies führte zu einer Steigerung der pro Jahr abgewickelten Kundenaufträge bei überdurchschnittlicher Rendite.

- **Markterschließungs-Strategie:**

Als dritte Möglichkeit kann der Produktmanager mit seinem vorhandenen Produkt neue Märkte erschließen. Zum einen bietet sich die Suche nach neuen Zielgruppen oder neuen Anwendungen im bestehenden Absatzgebiet an. Zum anderen kann man eine geografische Ausdehnung des Absatzbereichs vornehmen. So konnte sich die Firma Gore durch ständige Erweiterung der Zielgruppen (u.a. Kleidungshersteller, Sportartikelproduzenten, Hersteller von Medizintechnik) für ihr Produkt 'Goretex' binnen weniger Jahre vom Kleinunternehmen zum internationalen Großunternehmen entwickeln.

- **Diversifikations-Strategie:**

Ein viertes Wachstumsfeld kann für Unternehmen erschlossen werden, wenn völlig neue Produkte für neue Zielgruppen entwickelt oder zugekauft und mit Erfolg eingeführt werden. Das Betreten von Neuland kostet sehr viel Anstrengung und ist risikoreich, d.h. es muss ein entsprechendes Risikokapital vorhanden sein. Diversifikationsentscheidungen werden deshalb meist von der Marketing- oder sogar von der Geschäftsleitung getroffen. Für die Durchführung von Diversifikationsprojekten werden dann oft Neuproduktmanager eingesetzt, die sich ganz auf diese neue Geschäftsaktivität konzentrieren können.

Beim 'gedanklichen Durchspielen' alternativer Wachstumsmöglichkeiten sollte der Produktmanager bestrebt sein, soviel Synergien wie möglich mit seinen heutigen Aktivitäten herzustellen. Je mehr in der Produkt-Strategie erneuert wird, desto größer werden die Risiken. Deshalb ist es empfehlenswert, zuerst immer sorgfältig zu prüfen, welche Erfolgspotenziale noch in den vorhandenen Produkten und Märkten stecken. Viele Firmen, die sich mit großem Engagement auf neue Produkte oder neue Märkte ausrichten, haben noch deutliche Wachstumsmöglichkeiten mit risikoärmeren Marktdurchdringungsstrategien.

Gerade für Produktmanager in mittleren und kleinen Unternehmen ist es besonders wichtig, nicht "allen alles" verkaufen zu wollen, sondern sich auf ein oder einige wenige Segmente zu beschränken, in denen die Kernfähigkeiten des Produkts bzw. des Unternehmens eine besondere Rolle spielen.

Marktbearbeitungsstrategien

Wählt ein Produktmanager mehrere Zielsegmente aus, so hat er in einem nächsten Schritt zu entscheiden, wie deren Bearbeitung erfolgen soll.

Alternative Marktbearbeitungsstrategien

- Strategie der standardisierten Marktbearbeitung (einheitliches Vorgehen bzgl. sämtlicher Zielgruppen; Vorteile: geringere Kosten und Synergien zwischen den Segmenten)
- Strategie der differenzierten Marktbearbeitung (für jedes Zielsegment wird ein spezieller Produkt-Marketing-Mix konzipiert; Vorteil: intensiveres Eingehen auf unterschiedliche Bedürfnisse der Abnehmer)

Wettbewerbsstrategien

Jeder Produktmanager arbeitet darauf hin, dass sein Produkt in den Augen sämtlicher Abnehmer, auch der Absatzmittler im Wettbewerbsumfeld, als attraktiv wahrgenommen wird. Konkret geht es darum, schrittweise Wettbewerbsvorteile für das eigene Produkt aufzubauen. Gemeint sind damit Eigenschaften, mit denen das Produkt den Kunden einen besonderen Nutzen erbringt, der vom Wettbewerb nicht oder zumindest nicht schnell imitierbar ist und der möglichst lange verteidigt werden kann (z.B. deutlich höhere Präzision eines neuen Laserbohrers).

Neben dem Schutz durch Patente u.ä. bestehen nach Auffassung von Harvard-Professor Michael Porter grundsätzlich zwei Ansatzpunkte zum Aufbau strategischer Wettbewerbsvorteile für ein Produkt.

Wettbewerbsvorteile nach Porter

- ein einzigartiger Kundennutzen oder
- günstigere Kosten als Grundlage für Preisvorteile

Dies gilt für den Gesamtmarkt genauso wie für den Fall, dass nur einzelne Nischen bearbeitet werden sollen. Das folgende Bild zeigt die Wettbewerbsstrategien nach Porter (1999a) im Überblick.

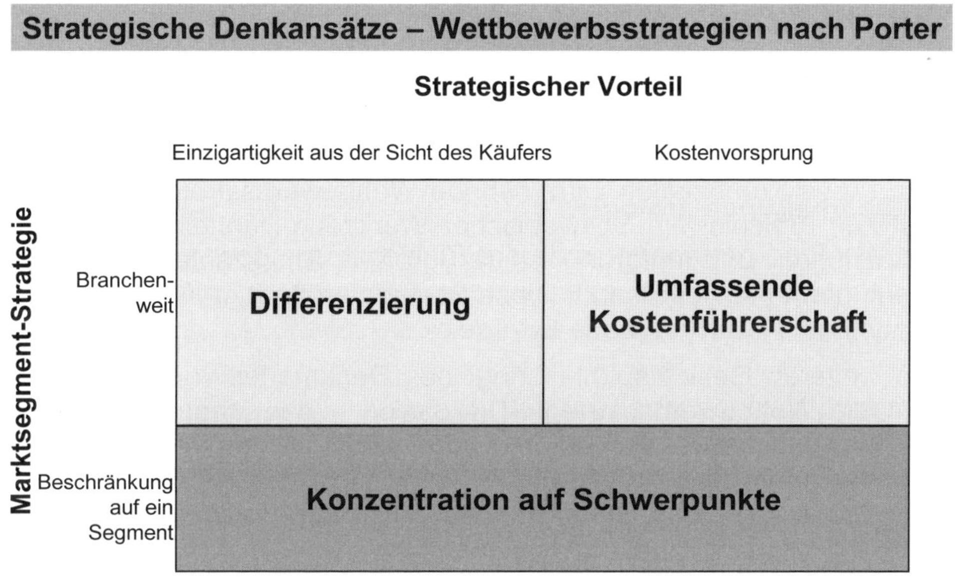

"Kostenführerschaft" erlangt ein Unternehmen nur dann, wenn sich durch kostenorientiertes Denken und Handeln ein Produktivitätsvorsprung erzielen lässt. Bei der Produktion großer Mengen sind die Stückkosten in der Regel niedriger als bei kleineren Produktionsmengen (sog. Erfahrungskurven- oder auch Skaleneffekt). Das Produkt mit dem größten Marktanteil verfügt somit über eine wichtige Voraussetzung für die Kostenführerschaft. Die günstigsten Kosten schaffen wiederum Spielräume für höhere Investitionen und/oder günstigere Preise, ohne dabei jedoch weniger Gewinn zu machen.

Allerdings erfordert die Kostenführerstrategie die Ausrichtung des gesamten Unternehmens auf Kostenbewusstsein bzw. -einsparungen im Sinne einer Kostenkultur. Deshalb liegt die Entscheidung für eine Strategie der Kostenführerschaft nicht in den Händen eines einzelnen PMs, sondern stellt für diesen als Unternehmensstrategie höchstens eine verbindliche Vorgabe dar.

Bei der Differenzierungsstrategie kommt es vor allem darauf an, dass ein einzigartiger Nutzen von den Kunden als attraktiv gegenüber den Wettbewerbsleistungen erlebt wird. Diese Einzigartigkeit kann in allen Bereichen des Produkt-Marketings geschaffen werden.

Diese Wettbewerbsstrategie erzeugt hohe Kosten, da die qualitative Überlegenheit ständig gesichert werden muss. Dabei fallen umfangreiche Aufwendungen für Forschung und Entwicklung, perfekten Service, beste Materialien, Schulung der Mitarbeiter im Vertriebs- und Servicebereich etc. an. Dies lohnt sich aber nur dann, wenn die Kunden bereit sind, für diesen besonderen Nutzen auch höhere Preise zu bezahlen.

Die früher für unmöglich gehaltene Kombination von Differenzierung in Verbindung mit Kostenführerschaft wird heute von manchen Firmen erreicht. Diese Kombination wird 'hybride Wettbewerbsstrategie' genannt. So ist zum Beispiel ein Schwäbischer Werkzeug-Hersteller gleichzeitig Qualitätsführer und aufgrund seiner großen Stückzahlen gleichzeitig Kostenführer in seinem Markt. Diese Stellung eröffnet große strategische Freiräume und hervorragende Erträge.

Einen weiteren Gesichtspunkt bringt das Denkmodell von McKinsey & Co. in die Wettbewerbsstrategie-Diskussion – das 'strategische Spielbrett'. Das Innovative an diesem Denkmodell ist der Verweis auf die Möglichkeit, sein Geschäft in einem Markt nicht nur auf die übliche Art und Weise zu betreiben, sondern auch ganz neue Spielregeln aufzustellen.

Produktmanager sollten auch den Mut besitzen, die in der Branche üblichen Vorstellungen radikal in Frage zu stellen und dabei das gesamte Spektrum seiner Handlungsmöglichkeiten heranziehen. Dies reicht von der strikten Beachtung der etablierten Branchenregeln bis zur konsequent innovativen Strategie. Mit der Realisierung eines völlig neuen, von dem bisherigen Vorgehen der Wettbewerber abweichenden Marketing-Konzept erhält der Produktmanager die Chance, das Gleichgewicht der Branche zugunsten seines Produkts außer Kraft zu setzen.

Die Firma Kettler begann als erster deutscher Fahrradhersteller mit einem echten Markenartikelkonzept. Kettler-Fahrräder wurden – für die

Branche absolut neu – aus Aluminium hergestellt. Den Kunden kommunizierte Kettler als einzigartigen Vorteil das geringere Gewicht ihrer Fahrräder. Außerdem wurde durch eine klare Vertriebspolitik sichergestellt, dass Kettler-Produkte in allen Handelskanälen zu den gleichen Preisen verkauft wurden. Dadurch sicherte sich Kettler einen Platz im qualitativ hochwertigen Feld, das damals nur von ausländischen Herstellern besetzt war.

Die in diesem Abschnitt geschilderten Denkmodelle können dem PM helfen, alternative Strategieansätze zu finden. Damit liegt sozusagen erst die Basis-Strategie fest. Diese gilt es nun zu konkretisieren, in dem der PM überlegt, welche Konsequenzen dies für das strategiespezifische Produkt-Marketing haben wird. Er wird also den aufeinander abgestimmten Einsatz aller fünf Marketing-Instrumente planen. Es entsteht ein sog. Strategie-spezifisches Marketing-Mix. Dazu benötigt er genaue Kenntnisse der Einsatzmöglichkeiten der einzelnen Marketing-Instrumente.

Alternative Produkt-Strategien können sich entweder durch unterschiedliche Basisstrategien ergeben, oder sie entstehen durch verschiedene Marketing-Mix-Konzepte für ein und dieselbe Basisstrategie.

3.5 So wird mit Hilfe der Marketing-Instrumente Ihre Produkt-Strategie konkret

Große Markterfolge beruhen auf einer Mischung aus planerisch fundierter langfristiger Sicht und dem ‚pragmatischen Anpacken' in der täglichen Praxis. Deshalb beschäftigen wir uns in diesem Abschnitt mit dem Einsatz der Marketing-Instrumente, dem „Handwerkszeug" für den Produktmanager. Sie werden das Spektrum der Handlungsmöglichkeiten kennen lernen, aus dem Sie dann eine spezielle Auswahl für die Vermarktung ihres Produkts treffen müssen. Diese individuelle Abstimmung der Marketinginstrumente nennt man auch das Marketing-Mix.

Mit dem Einsatz der **Marketing-Instrumente** regeln Sie im Einzelnen:

- was in welcher Form und in welcher Kombination – **Produkt-/und Sortimentspolitik**
- mit welchen ergänzenden Serviceleistungen – **Servicepolitik**
- zu welchen Preisen und Konditionen – **Preis- und Konditionenpolitik**
- auf welchen Wegen – **Distributionspolitik** angeboten werden soll und
- wie man die Zielgruppen von der Überlegenheit der eigenen Angebote überzeugen will – **Kommunikationspolitik**.

Die Marketinginstrumente

Marketing-Mix = der im Rahmen einer Marketingstrategie klug aufeinander abgestimmte Einsatz aller Marketing-Instrumente

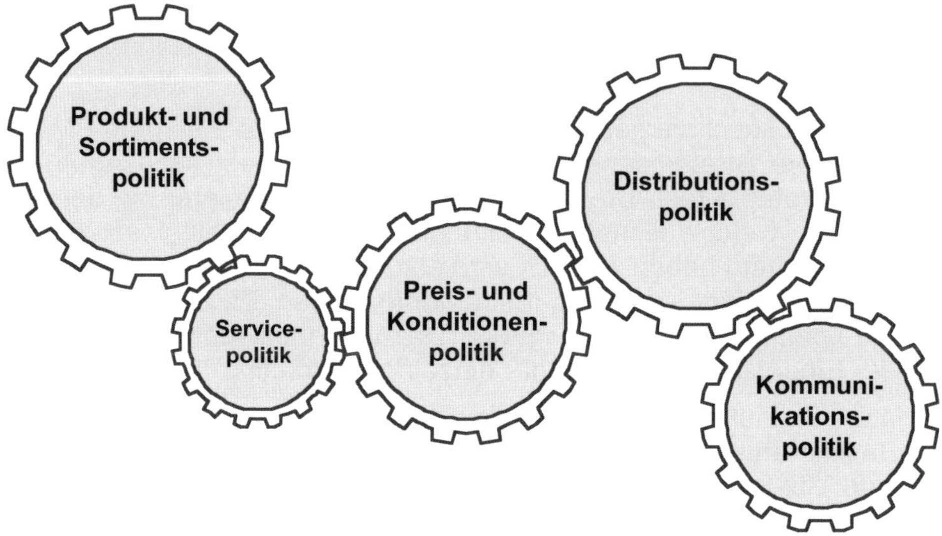

Diese Fragen gilt es konkret für Ihre Produkt-Strategie zu beantworten. Bedenken Sie dabei, dass Sie mit Ihrem Produkt-Marketingkonzept Ihren Zielgruppen einen Nutzen bieten müssen und zwar einen Nutzen, der höher ist, als der Ihrer Wettbewerber. Letztendlich ist der Anbieter erfolgreich, dessen Angebot die Nutzenerwartung seiner Zielgruppe am besten erfüllt (Grundgedanke des Marketings).

Kundenorientierung bedeutet Nutzenorientierung

Bei der Gestaltung Ihres Leistungsangebots sollten Sie immer wieder hinterfragen, welchen zusätzlichen Nutzen Ihre Zielgruppe damit erhält. Steht einem zusätzlichen Produkt-Feature auch ein zusätzlicher Kundennutzen gegenüber? Grundsätzlich gibt es verschiedene Dimensionen an die man bei der Produktgestaltung denken kann.

Nach welchen Dimensionen lassen sich Produkte gestalten?

- technische und funktionale Eigenschaften (u.a. verwendete Materialienkomponenten, Lebensdauer, Leistungsfähigkeit),
- ästhetische Eigenschaften (u.a. Form, Farbe)
- symbolische Eigenschaften (Markenname, -persönlichkeit und -image)
- produktergänzende Dienst- und Serviceleistungen

Diese Gestaltungsdimensionen lassen sich wiederum verschiedenen Nutzenkategorien zuordnen.

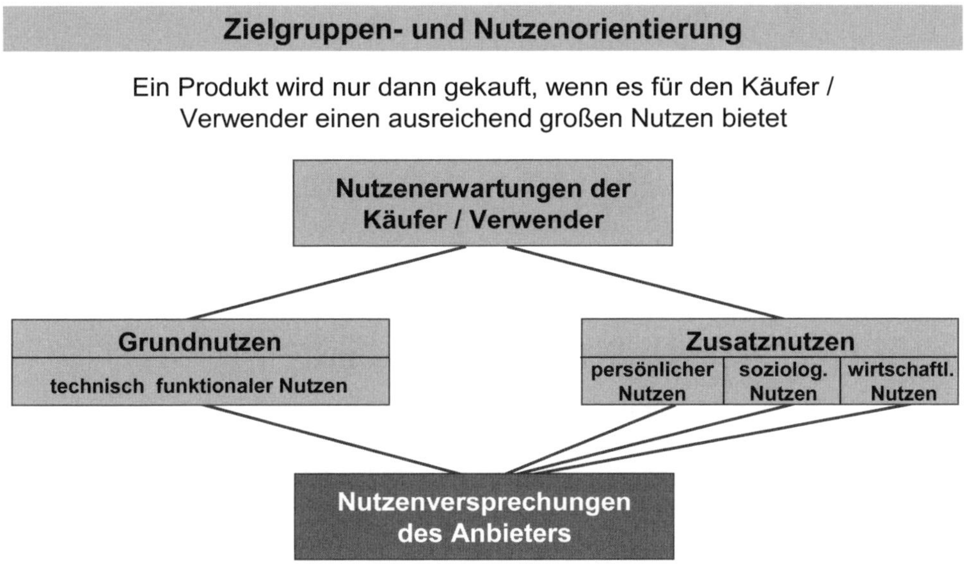

Die Kombination der verschiedenen Eigenschaften im Produkt sollten die Nutzenerwartungen der Zielgruppe genau ansprechen und erfüllen. Dabei lässt sich der Produktnutzen aufschlüsseln in den technisch funktionalen Grundnutzen (z.B. die neue Verpackungsmaschine schweißt unsere Produkte ein) und Zusatznutzen.

Diesen kann man dreifach unterscheiden in:

- eine individuelle, persönliche Komponente (z.B. das optische Erscheinungsbild der gekauften Maschine entspricht voll unserem Corporate Design),
- eine soziologische Dimension, auch Prestigenutzen genannt, (z.B. mit dieser neuen Maschinen beweisen wir unseren Kunden einmal mehr, immer nur beste und innovativste Technologien zu verwenden),
- in eine wirtschaftliche Dimension (z.B. die Maschine mit den niedrigsten Betriebskosten).

Die deutlichste Differenzierung bietet ein neuer Grundnutzen. Wirklich innovative Produkte versprechen meist einen ganz neuen technisch funktionalen Grundnutzen. Jede neue Chip-Generation eröffnet ganz neue technische Möglichkeiten. Wenn sich die in einem Markt angebotenen Produkte alle auf dem gleichen technisch funktionalen Niveau befinden und keine technologische Weiterentwicklung des Grundnutzens möglich ist, verlagert sich die Kaufentscheidung immer mehr auf den Zusatznutzen. Dies ist typisch für gesättigte Märkte. Als PM sollten Sie immer wieder versuchen, für Ihre Kunden interessante Zusatznutzen zu identifizieren und in Ihr Leistungsangebot einzubauen. Hierbei wird das Zielgruppendenken besonders wichtig, denn jede Leistung kann immer nur für eine ganz bestimmte Zielgruppe optimal sein. Wenn versucht wird, viele unterschiedliche Zielgruppenerwartungen in einem Angebot zu vereinen, dann verwässern klare Produktpositionen. Wer es mit einem Angebot zu vielen recht machen will, wird keinen richtig ansprechen.

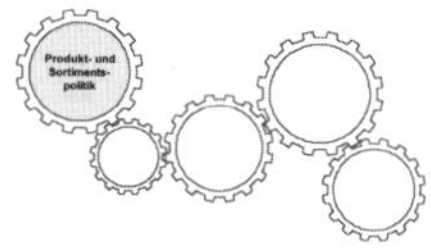

Instrument 1: Produkt- und Sortimentspolitik

Bei der Gestaltung seiner Produktpolitik beschäftigt sich der PM mit der Frage: "Welche Leistungen will ich in welcher Form anbieten?" Sie ist der Haupterfolgsfaktor im Marketing, denn das nachweislich bessere Produkt hat auch Unternehmen erfolgreich gemacht, deren übriges Marketing-Mix Schwächen aufwies.

Unter Produktpolitik versteht man entsprechend alle Entscheidungen, die sich auf die markt- und umfeldgerechte Gestaltung des Produktangebots beziehen. Betreut ein Produktmanager mehrere Produkte bzw. eine Produktgruppe, gehören neben Einzelprodukt- auch noch Sortimentsentscheidungen zu seinen Aufgaben.

Einzelproduktentscheidungen

Einzelproduktentscheidungen haben die Gestaltung von Art und Beschaffenheit jedes angebotenen Produkts zum Gegenstand. Dabei kann es sich um verschiedene Produktkategorien handeln:

Produktkategorien aus Sicht eines PM

- selbst hergestellte Produkte, das so genannte Produktionsprogramm,
- Handelswaren, also von anderen Herstellerunternehmen zugekaufte materielle Produkte, die ohne nennenswerte Be- oder Verarbeitung weiterverkauft werden,
- Dienstleistungen, also immaterielle Produkte (z.B. Machbarkeitsstudien oder Projektierungen für die Kunden).

Das Motiv für die Aufnahme von Handelswaren liegt oft darin, als Anbieter eine komplette Problemlösung anbieten zu wollen. Gegenüber Ihren

Kunden übernehmen Sie auch für diese durchgehandelten Produkte voll und ganz die Verantwortung. Dies sollten Sie bei der Auswahl der Lieferpartner bedenken und auch in ihre Kalkulation einfließen lassen.

Systemangebote

In nahezu allen Wirtschaftsbereichen tendiert heute die Produktgestaltung zu Systemangeboten. Ein System stellt eine Kombination mehrerer Einzelprodukte zu einer abgestimmten Gesamtlösung dar. Dabei muss nicht jedes Systemelement im eigenen Haus gefertigt werden; oftmals werden eigen erstellte Komponenten mit Handelswaren oder auch Dienstleistungen von externen Partnern kombiniert. Man unterscheidet dabei offene und geschlossene Systeme. Bei offenen Systemen lassen sich Komponenten verschiedener Anbieter zu einem System kombinieren, z.B. über eine standardisierte Schnittstelle. Im Gegensatz dazu sind geschlossene Systeme proprietär, d.h. nur die Komponenten eines Herstellers lassen sich miteinander verbinden.

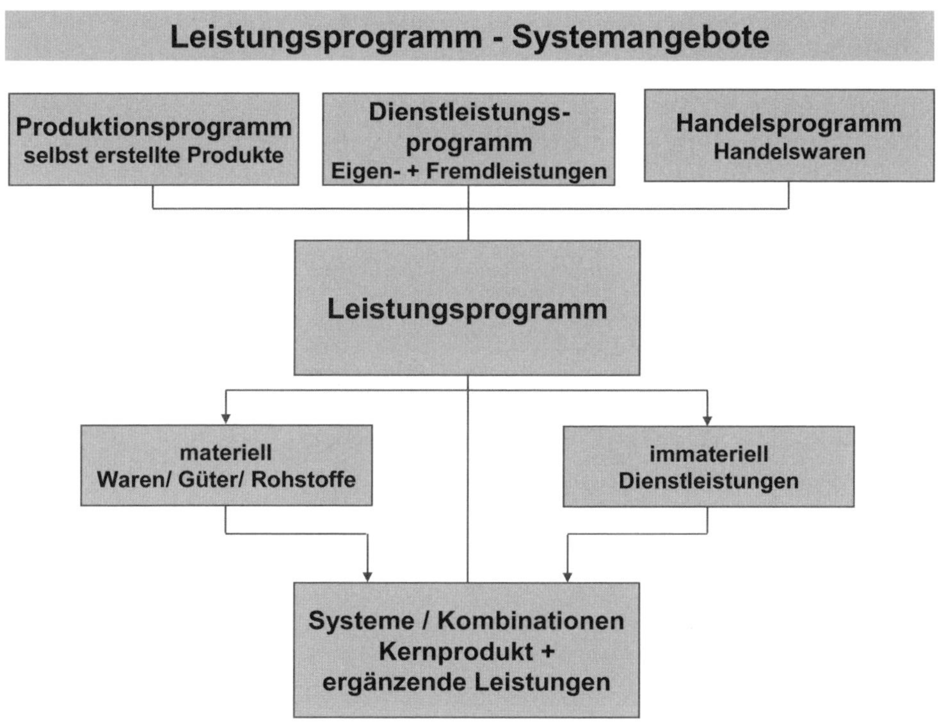

Hierzu ein Beispiel: Ein Hersteller von Computern produziert seine Rechner selbst. Sämtliche Peripheriegeräte wie Keyboard, Monitor und Drucker kauft er zu (natürlich versehen mit der eigenen Marke, OEM-Geschäft, d.h. Original Equipment Manufacturer). Mit der Verlegung aller für ein Netzwerk in den Räumen des Kunden notwendigen Kabel und Anschlüsse wird eine qualifizierte Installationsfirma beauftragt. Die Einrichtung des Betriebssystems und der Netzwerkverwaltung übernehmen dagegen wieder interne Spezialisten. Vermarktet wird die Gesamtleistung als ein "System".

Welche Vorteile besitzen Systemangebote aus Kundensicht?

- Komplette Problemlösung: Löst ein komplexes Kundenproblem
- Funktionsgarantie: Optimaler Gesamtnutzen durch aufeinander abgestimmte Systembausteine, die problemlos zusammenwirken
- Beschaffungs- und Abwicklungserleichterung: Gesamtlösung aus einer Hand – ein Ansprechpartner bzgl. Beratung, Verkauf, Wartung und Gewährleistung
- Zeitersparnis bei Folgekäufen: Geringerer Abstimmungsbedarf bei Systemerweiterungen.

Welchen Vorteil besitzen Systemangebote aus Anbietersicht?

- Komplette Problemlösung reduziert Wettbewerbskontakte der Kunden
- Teilweise problemloser Einstieg für den Kunden durch niedrige Anfangsinvestitionen
- Systemangebote sind preislich schwerer zu vergleichen
- Innerhalb des Systems sind Mischkalkulationen möglich
- Mehrumsatzpotenzial mit einzelnen Kunden
- Kompetenzaufbau in den Augen der Kunden
- Kundenbindung durch Systembindung (Vorsicht bei zu starkem Systemzwang).

Produkt-Lebenszyklus

Wie wir Menschen, so durchlaufen auch Produkte "ihr Leben" (siehe dazu Lippmann/Motyka – Produkte und Sortimente erfolgreich managen, 2. Auflage 2008).

Produkte

- "werden gezeugt" im Zuge der Entwicklungsarbeit im Unternehmen,
- "werden geboren" durch die Markteinführung,
- "wachsen" während der Ausdehnung ihres Abnehmerkreises,
- "reifen" bis zum Höhepunkt ihres Lebens und
- "altern" danach bis sie
- "sterben".

Produktmanager = Lebenszyklusmanager

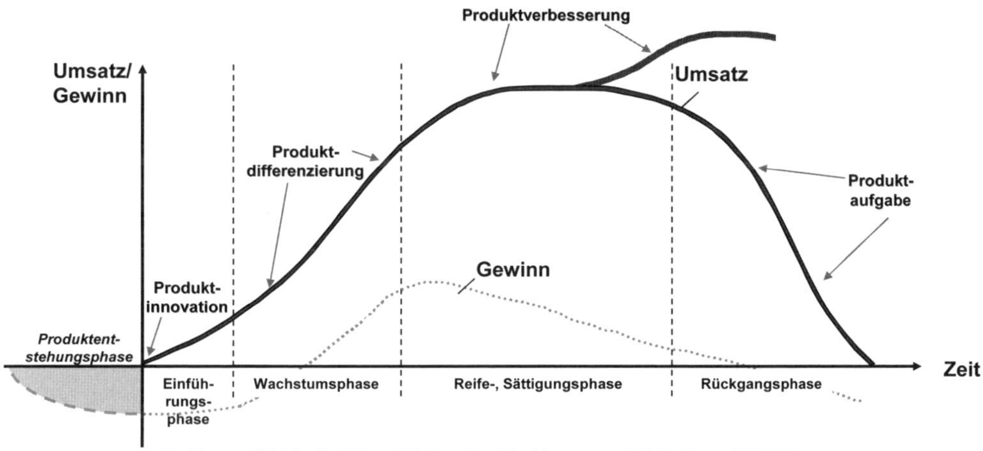

Quelle: Lippmann/ Motyka: Produkte und Sortimente erfolgreich managen, 2. Aufl., Sternenfels 2008

Sämtliche Einzelprodukt-Entscheidungen müssen vor dem Hintergrund des jeweiligen Stadiums im Produkt-Lebenszyklus getroffen werden. In den verschiedenen Lebenszyklusphasen wird der PM unterschiedliche Akzente im Produkt-Marketing setzen (vgl. Meffert, 2000, S. 334 f.):

Wechselnde Aufgaben des PM über den Produkt-Lebenszyklus hinaus

PM-Aufgaben für die Einführungsphase:

- Bekanntmachen des neuen Produkts bei der Zielgruppe
- Erschließung der wichtigsten Kunden- bzw. Distributionskanäle durch intensive Vertriebsaktivitäten
- Überwindung von Marktwiderständen bzw. Eintrittsbarrieren

- Standardisiertes Produkt mit wenigen Varianten
- Beseitigen der "Kinderkrankheiten" des Produkts
- Abschöpfungspreis (hoch) oder Penetrationspreis (niedrig)
- Erzielung einer möglichst hohen Erstkäuferzahl
- Aufbau von Markentreue/Erzielung von Wiederkäufen.

PM-Aufgaben für die Wachstumsphase:

- Marktdurchdringung/Marktanteilssteigerung
- Festigen der Markenpräferenzen/Pflege der Kundenbindung
- Qualitätsverbesserung
- Schaffung zusätzlicher Serviceangebote
- Produktdifferenzierung, Schaffung zusätzlicher Produktvarianten
- bei Abschöpfungspreis in der Einführungsphase Preissenkung, sonst wettbewerbsorientierte Preisfindung
- Optimierung von Vertrieb und Logistik
- Beobachtung der ersten Wettbewerber.

PM-Aufgaben für die Sättigungsphase:

- Verteidigung des Marktanteils
- Produktverbesserung/Relaunch; Schaffen neuer Produktvorteile
- Pflege der Markentreue/der Kundenbindung
- Verbesserung der Kostenstruktur
- Reduzierung der Marktinvestitionen
- defensive Preispolitik
- ggf. Reduzierung des Preises zur Verdrängung von Wettbewerbern mit ungünstigerer Kostenstruktur.

PM-Aufgaben für die Rückgangsphase:

- Überprüfen des noch verbleibenden Kundenpotenzials, ggf. nochmalige Produktanpassung
- Reduzierung der Investitionen bzw. Budgets auf ein Mindestmaß
- Abschöpfen von Deckungsbeiträgen so lange als möglich

- Vorbereitung des Marktaustritts bei Unterschreiten der Rentabilitätsgrenze
- Aufbau eines Nachfolgeprodukts
- gezielter Rückzug.

Ein Produkt-Markt-Lebenszyklus beginnt, wenn ein Anbieter mit einer Innovation einen neuen Lebenszyklus beginnt. Dazu ist firmenintern eine Vorphase, der so genannte Produktentstehungsprozess notwendig.

Die begriffliche Unterscheidung zwischen Produkt-Markt-Lebenszyklus und Produkt-Lebenszyklus ist dann notwendig, wenn ein Unternehmen nicht als Innovator auftritt (first to market), sondern später in einen bereits existierenden Produkt-Markt eintritt. Der typische 'me-too-Anbieter' (second to market) ist ein relativ früher Folger mit einer oft vergleichbaren Lösung. Schwierig wird es für späte Folger (late to market), die noch schnell an einem boomenden Markt teilhaben wollen. Chancen hat hier nur, wer mit deutlichen Preisvorteilen in den Markt kommt oder wer eine Nische besetzt, die bislang von keinem Anbieter richtig bedient wurde.

Der Lebenszyklus für ein Produkt ist kein Naturgesetz, sondern er ergibt sich aus den Marketingaktivitäten des PM. Wie schnell die Einführung gelingt, wie steil die Wachstumskurve verläuft und welchen Marktanteil Sie maximal erreichen werden, sind Entwicklungen, die durch gutes Marketing gestaltbar sind. Wenn der Lebenszyklus anders als gewünscht verläuft, dann ist dies meist auf Managementfehler im Produkt-Lebenszyklus zurückzuführen. In der folgenden Tabelle sind typische Fehler im Management des Produkt-Lebenszyklus, die immer wieder zu beobachten sind, dargestellt sowie entsprechende Maßnahmen zur deren Vermeidung.

So lassen sich typische Managementfehler im Produkt-Lebens-zyklus vermeiden

Typische Managementfehler im Produkt-Lebenszyklus		Lösungsmöglichkeiten
Zu späte Fertigstellung; Entwicklung dauert länger als geplant	→	Gutes Lasten- /Pflichtenheft: konsequentes Projektmanagement
Produkte nicht ausreichend getestet	→	PM dringt auf Test und hilft bei der Organisation (z.B. Testinstallation)
Produkt ist fertig, aber Einführung verzögert sich; Marketing-Gap des PM	→	Rechtzeitige Einführungsplanung und gute Koordination aller Beteiligten
Einführung geht langsam, dauert zu lange	→	Ressourceneinsatz erhöhen; klotzen statt kleckern, vor allem in Vertrieb und Werbung investieren
Wachstumsphase verläuft relativ flach	→	Konsequente Marktbearbeitung; möglichst breite Marktabdeckung anstreben
Wettbewerber wachsen schneller	→	PM bleibt auch nach der Einführung für den Produkterfolg verantwortlich; Anpassung des Marketing-Mix an Lebenszyklus
Marktanteilsverluste in der Sättigungsphase	→	Marketing-Mix anpassen; Relaunch prüfen
Vom Markt erzwungene Produktaufgabe	→	Agieren statt reagieren; rechtzeitig Rückzugsstrategie entwickeln; Nachfolger bereitstellen

Sortimentsentscheidungen

Sortiments- oder auch Programmentscheidungen betreffen eine Produktgruppe in den Dimensionen Breite und Tiefe. Die Programmbreite wird durch die Zahl der verschiedenen vermarkteten Produktarten bestimmt, während die Programmtiefe auf der Zahl der jeweiligen Varianten innerhalb jeder Produktart beruht. Ob man ein Sortiment als schmal oder breit, flach oder tief bezeichnet, hängt davon ab, was in der Branche üblich ist.

Breite und Tiefe des Leistungsprogramms

Beispiel: *4 Produktlinien mit 14 Einzelprodukten/ Varianten*

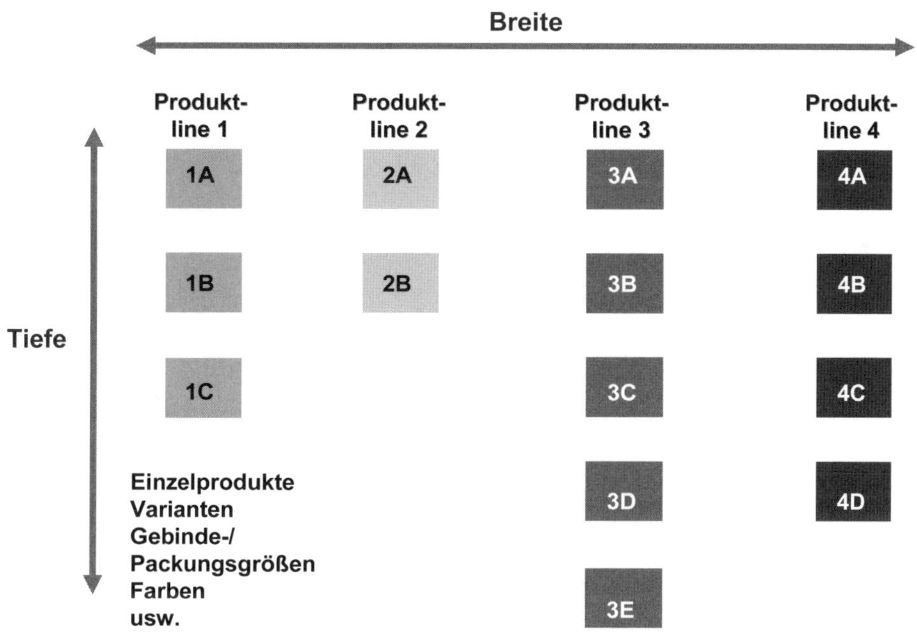

Die Festlegung der optimalen Sortimentsgröße gehört zu den Kernaufgaben des Produktmanagers. Interne Kannibalisierungsbeziehungen (Verdrängung eigener Produkte) sind ebenso zu prüfen wie die Marktpositionierung der Einzelprodukte und damit ihre Existenzberechtigung im Markt.

Dem PM stehen vier verschiedene Maßnahmenbereiche für die Gestaltung seines Produktprogramms zur Verfügung.

Wie kann der PM die Produktpolitik gestalten?

- **Produktinnovation** – die Entwicklung und Markteinführung neuer Produkte;
- **Produktdifferenzierung** – Programmausweitung in Form von Produktvarianten, in dem ein Produkt durch Veränderung einzelner Elemente variiert wird. Ein eventueller Wettbewerb zwischen einzelnen eigenen Produkten (Kannibalisierung) wird dabei bewusst in Kauf genommen, weil mit dem Gesamtsortiment ein höherer Umsatz und Ertrag realisiert werden soll.
- **Produktrelaunch** – grundsätzliche Überarbeitung eines Produkts. Der angebotene Grundnutzen bleibt erhalten, alle Zusatznutzenkomponenten können verändert werden, z.B. Verbesserung einzelner Eigenschaften eines Produkts (z.B. Neugestaltung der äußeren Form zur Anpassung an neue ergonomische Erkenntnisse). Die Anzahl der Produkte bleibt dadurch unverändert.
- **Produktelimination**, das Entfernen eines Produkts aus dem Programm, z.B. wegen Alterung, ist ein Schritt im Rahmen einer Sortimentsbereinigung.

Auf die wichtige Rolle des Produktmanagers bei Produktinnovationen gehen wir im folgenden Abschnitt ausführlicher ein.

Produktinnovation – Der PM als Innovator

Die Bedeutung neuer Produkte für den Unternehmenserfolg ist bekannt. Innovative Firmen wachsen schneller und verdienen dabei auch noch besser. Nicht selten machen solche Unternehmen über 50 % ihres Umsatzes mit Produkten, die nicht älter als drei Jahre sind. Neuproduktaktivitäten zählen zu den ureigensten Aufgaben von Produktmanagern, wobei in der Praxis die Verantwortlichkeit für Innovationen manchmal zweigeteilt ist:

A: Der PM trägt die Innovationsverantwortung für seine Produkte bzw. Produktgruppe

Der PM handelt wie ein "Unternehmer für sein Produkt". Neben der Betreuung bestehender Produkte ist er stets auf der Suche nach neuen oder ergänzenden Produkten für seine Zielgruppe(n). Seine innovativen Ideen werden sich jedoch meist auf das Produktfeld konzentrieren, das er zu verantworten hat.

Aufgaben des Produktmanagers im Innovationsprozess:

- Initiator oder zumindest Motor für Innovationen sein
- Systematisch für einen großen Pool an neuen Ideen sorgen
- Marktchancen von innovativen Ideen prüfen
- Erstellen des Lastenheftes und Mitarbeit am Pflichtenheft
- Marktnähe während des Entwicklungsprozesses sicherstellen
- Markteinführung planen und koordinieren.

B: Ein Neuproduktmanager betreut neue innovative Produktfelder für das Unternehmen (Diversifikationsprojekte)

Für den Aufbau ganz neuer Produktbereiche und hier speziell für alle Aufgaben vom Finden neuer Produktfelder über die ersten Produktideen bis zur erfolgreichen Markteinführung ist ein spezieller Neuproduktmanager zuständig. Dieser kann sich ganz auf das Management des gesamten Innovationsprozesses spezialisieren, womit mit der Erschließung neuer Felder zusätzliche Aufgaben verbunden sind.

Aufgaben des Neuproduktmanagers:

- Erkennen neuer Tätigkeitsfelder für das Unternehmen
- Beobachtung von Branchen und Technologietrends
- Sammeln bzw. produzieren von Neuproduktideen
- Messebeobachtung im In- und Ausland
- Bewerten von Chancen und Risiken neuer Produktbereiche; Erarbeiten von Entscheidungsgrundlagen für einen Markteintritt
- Machbarkeitsstudien; klären interner Voraussetzungen für einen Markteintritt
- Patentrecherchen
- Verhandlungen mit Lizenzgebern und mit Firmen, die zum schnellen Erschließen neuer Produktbereiche übernommen werden können.

Seine neuen Produkte übergibt er – nach erfolgreicher Markterschließung – an einen PM, der diesen Produktbereich dann weiter betreut.

Teilweise werden Neuproduktaufgaben sogar ganz aus dem Marketing ausgegliedert und dem technischen Bereich zugeordnet. Dies trifft besonders auf stark technologieorientierte Branchen mit hoher Innovationsrate zu. Als Begründung wird die Abhängigkeit des Innovationserfolgs von der Forschungs- und Entwicklungsstärke und die eigene Forschung als Ursprung vieler Ideen genannt. Diese Arbeitsteilung birgt allerdings das Risiko, dass überwiegend technologie- und produktorientiert, aber zu wenig markt- und kundenorientiert gearbeitet wird. Die Gefahr, an Kundenwünschen vorbei zu arbeiteten, ist nicht zu unterschätzen. Auch müssen Innovationen nicht zwingend auf neuen Technologien beruhen.

Bleiben wir deshalb bei den Fällen, in denen ein Produktmanager mit seiner marktorientierten Denk- und Verhaltensweise die Neuproduktaufgaben übernimmt.

Der Innovationsprozess läuft normalerweise in Stufen ab. Die folgende Abbildung zeigt, welche dies sein können.

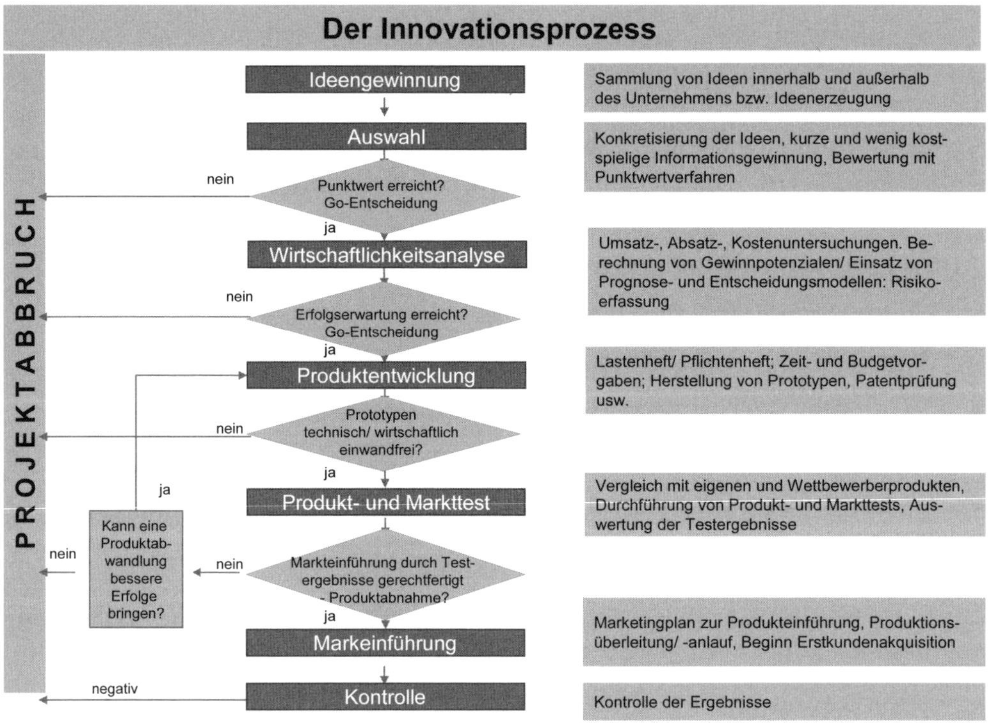

Im Innovationsprozess übernimmt der PM wechselnde Aufgaben und Funktionen. Das Spektrum reicht vom Initiator einzelner Prozessschritte z.B. der Ideengenerierung bis hin zur vollständigen Übernahme von Aufgaben z.B. Erstellung des Lastenhefts. Generell arbeitet der PM in diesem Prozess stark vernetzt mit anderen Abteilungen.

Am Anfang steht die Aufgabe, genügend Ideen für neue Produkte zu sammeln oder auch bewusst mittels Ideenfindungsverfahren zu generieren. Hier gilt das "Gesetz der großen Zahl" – je mehr Ideen vorliegen, desto größer ist die Chance, dass eine "zündende" Idee dabei ist. Da Ideen aus vielen unterschiedlichen Quellen kommen können, macht sich der PM am besten zum Ansprechpartner für alle Ideen, die zu seinem Produkt gehören.

Quellen für Neuproduktideen

Interne Quellen	Externe Quellen
▪ F & E Abteilung	▪ Kunden
▪ Vertriebsabteilung Kundenideen	▪ Absatzmittler
▪ Abteilung technischer Service/ Kunden-dienst	▪ Lieferanten
▪ Produktionsabteilung/ Qualitätszirkel	▪ Wettbewerber
▪ Einkauf	▪ Marktforschungsinstitute
▪ Marktforschungsabteilung	▪ Forschungsinstitute
▪ Geschäftsleitung	▪ Wissenschaftler an Hochschulen
▪ andere Produktmanager	▪ Patentrecherchen
▪ Mitarbeiter aller Abteilungen	▪ Designagenturen
▪ Innovationszirkel/ Kreativteams	▪ Erfinder
▪ Betriebliches Vorschlagswesen	▪ Fachpresse
▪ ...	▪ Internet
	▪ Messen/ Ausstellungen/ Kongresse
	▪ Innovationsberater
	▪ Natur als Vorbild
	▪ ...

Gehen Sie an das Ideenthema ruhig mutig heran. Der Kerngedanke des Marketing, dass wir uns an den Wünschen und Bedürfnissen unserer Zielgruppen ausrichten sollen, sollte uns nicht auf reaktives Handeln beschränken. Besonders interessante Ideen zielen auf Probleme ab, für die es bislang vielleicht noch keine Lösung gab. Diese Ideen hätten deshalb auch gar nicht von Kunden kommen können. Hierfür muss der Markt erst mit einigem Aufwand, aber auch mit großen Chancen "gemacht" werden. Dies gilt für alle grundlegenden Innovationen.

Wenn genügend Ideen vorliegen, ist die Spreu vom Weizen zu trennen. Meistens werden die chancenreichen Ideen in einem zweistufigen Auswahlverfahren ausgefiltert. In einer einfachen Grobauswahl erfolgt eine erste Selektion. Die Bewertung kann in der Regel ohne vorherige Recherche erfolgen. Sie sieht einfache ja/nein-Fragen vor. Im Folgenden sehen Sie ein Beispiel (vgl. Lippmann/Motyka, 2008, S. 40 f) für einen solchen Bewertungsbogen:

Beispiel: Ideenbewertungsbogen
Grobauswahl- Bewertungsraster für die Vorauswahl

Produktidee: ____________________

	ja	Nein
1. Passend zu unserer Firmenphilosophie	☐	☐
2. Gesetzlich zulässig	☐	☐
3. technisch-physikalisch machbar	☐	☐
4. (Inlands-)Markt vorhanden oder erzeugbar?	☐	☐
5. Zugang zu notwendigem Technologie-Know-how vorhanden oder schaffbar	☐	☐
6. Strategie konform	☐	☐
7. Verträglich mit unseren anderen Produkten	☐	☐
8. Wenn auf einem Absatzweg fixiert: Vertrieb über diesen Absatzweg möglich?	☐	☐

Resümee:
☐ Idee weiterverfolgen
☐ Idee zurückstellen
☐ Idee uninteressant ⇨ löschen

Nach der Vorauswahl geht es jetzt bereits stärken ins Detail. Anhand eines an der Unternehmensstrategie ausgerichteten Kriterienkatalogs erfolgt eine weitere Auswahlrunde. Die Analysedaten hierfür beschafft der PM; die Bewertung selbst erfolgt sinnvoller weise im Team. Erfahrungsgemäß erfüllen nur wenige Ideen die festgelegten Mindest-Erfolgserwartungen. Eine strenge Auslese ist sinnvoll, denn mit Beginn der jetzt folgenden Produktentwicklung steigen die Kosten deutlich an.

Beispiel: Ideenbewertungsbogen
Praxisbeispiel: Zweite Bewertungsstufe in der Grobauswahl

Themen	Bewertungskriterien	Gewicht 1-2-3	☺ Bewertung ☹					
			5	4	3	2	1	
Produktidee	- völlig neuer Kundennutzen							- kein neuer Kundennutzen
	- schützbar z.B. patentfähig							- nicht schützbar
Zielmarkt/Zielgruppe	- für internationalen Markt							- nur für regionale Märkte
	- ermöglicht Erschließung vieler neuer Kunden in unserer Zielgruppe							- führt zu abnehmender Kundenzahl
	- Markeintritt erfordert keinen Investitionsbedarf							- Markteintritt erfordert hohen Investitionsbedarf
Wettbewerb	- deutliche Wettbewerbsvorteile; Alleinstellungsmerkmale							- keine Wettbewerbsvorteile
Absatzwege/ Distribution	- ausschließlich heutige nutzbar							- ausschließlich neu erforderlich
	- niedrige Eintrittsbarrieren für neue Distributionswege							- hohe Markteintrittsbarrieren
Sortimentsauswirkung	- steigert den Umsatz der alten Produkte							- verringert Umsatz der alten Produkte
	- bringt Zusatzumsatz							- kein Zusatzumsatz ersetzt vorhandene Produkte
Entwicklung	- überschaubar; geringe Risiken - kurzfristig realisierbar							- kaum abschätzbar; hohe Risiken - längerfristig; erfordert Grundlagenforschung
	- benötigtes Know-how vorhanden							- Know-how ist ganz neu zu beschaffen
Produktion	- mit vorhandenen unausgelasteten Maschinen möglich							- erfordert völlig neue Maschinen
Summe Gewichteter Punktwert:								
Resümee:	❑ Idee weiterverfolgen	❑ Idee zurückstellen						❑ Idee uninteressant ⇨ löschen

Zu Beginn der Entwicklung fällt dem PM eine Schlüsselrolle mit der Erarbeitung des Lastenheftes zu. Jetzt muss er die Produktidee in ganz konkrete Anforderungen für die Entwicklungsabteilung umsetzen. Je genauer der Entwickler die Anforderungen vermittelt bekommt, desto zielgerechterer kann er arbeiten. Dazu zwei Beispiele: Ein Konstrukteur wird zu ganz unterschiedlichen Lösungen kommen, je nachdem, ob von dem neuen Produkt 300 Stück oder 10.000 Stück zu produzieren sind. Wenn einem Entwickler ein knapper Preis vorgegeben ist, wird er nach anderen technischen Lösungen suchen, als wenn er von allem nur das Beste nehmen kann, weil der Endpreis keine Rolle spielt.

Bei Produkten mit anspruchsvoller Technologie wird der PM wissensmäßig vielleicht gar nicht in der Lage sein, das Lastenheft alleine zu erarbeiten. In diesen Fällen teilt er sich die Arbeit mit den Entwicklern, wobei dann oft Lasten- und Pflichtenheft gemeinsam erarbeitet werden. Dabei bleibt die Verantwortung für die richtige Ausrichtung des Produkts auf die Zielgruppe bei dem PM.

Beispiel: Lastenheft mit Überführung in ein Pflichtenheft

Inhalte eines Lastenhefts

Neuproduktidee:	**Datum:** **Version:**
Lastenheft – Beschreibung der Rahmenfaktoren für das neue Produkt - 1-	
Thema	**Beschreibung**
Produktidee Kurzbeschreibung der Idee	
Ziel der Neuproduktentwicklung	
Zielgruppen (auch Absatzmittlergruppen)	
typische Einsatzgebiete: An-/ Verwendungssituationen	
Wettbewerbsprodukte, gegen die es gerichtet sein soll Produktvergleiche Vorteils-/ Nachteilsanalyse Preisvergleiche	
ausgewählte Marktdaten: **generelle Marktinformationen** (z.B. Größe, Wachstum) **Zusammenhang Marketingkonzept - Produktidee** **Stellung des Neuproduktes in unserem Sortiment** Ergänzung zu ... oder Substitution von ... **Stückzahlenschätzungen für das Neuprodukt**	

Vom Lastenheft zum Pflichtenheft

Lastenheft – Anforderungen des Marketings an das neue Produkt			Pflichtenheft – Umsetzung dieser Anforderungen		
Thema	Beschreibung	Ausstiegskriterien	durch Abteilung ...	Konkrete Umsetzung	Alternative Vorschläge
Produktidee Grundnutzen (Funktionsbeschreibung) Mögliche Zusatznutzen (Soll/ Kann)					
spezielle Produktanforderungen (technische Anforderungen) z.B. Leistungsmerkmale/-daten quantitativ und qualitativ Materialwünsche Technologien Relevante Vorschriften / Normen Recylingfähigkeit; Umweltschutzaspekte					
Qualitätsstandards					

Lastenheft – Anforderungen des Marketings an das neue Produkt			Pflichtenheft – Umsetzung dieser Anforderungen		
Thema	Beschreibung	Ausstiegskriterien	durch Abteilung ...	Konkrete Umsetzung	Alternative Vorschläge
Spezielle Kundenwünsche (auch Absatzmittlerwünsche)					
Zielpreis/ Zielherstellkosten					
gewünschter Einführungszeitpunkt, Termine					
Datum, Unterschrift PM:			Datum, Unterschrift F+E:		

Mit Annahme des Pflichtenheftes wird daraus ein Entwicklungsprojekt. Der PM sollte Mitglied in diesem Projektteam sein und in dieser Funktion an den regelmäßig stattfindenden Entwicklungsbesprechungen teilnehmen. Er hat dort die Aufgabe, die Einhaltung von Lasten- und Pflichtenheft zu überwachen. Er trägt Sorge dafür, dass nicht unbemerkt von dem ursprünglichen Produktkonzept abgerückt wird.

Ergeben sich neue Erkenntnisse, die eine Anpassung des Pflichtenhefts, z.B. an veränderte Kundenwünsche erforderlich machen, hat eine formale Änderung des Pflichtenheftes mit Zustimmung aller Beteiligten zu erfolgen. Über Terminverlängerungen, Kostensteigerung und andere nachteilige Auswirkungen sollten sich alle dabei im Klaren sein.

Am Ende der Entwicklungsarbeit wird das fertige Produkt offiziell abgenommen. Auch hier macht der PM seine Zustimmung davon abhängig, ob alle Forderungen aus dem Lastenheft erfüllt werden konnten. Auch wenn ein Team über die Produktabnahme entscheidet, sollte ihm ein Vetorecht zustehen, denn er allein wird später am Vermarktungserfolg gemessen.

Bereits lange vor der endgültigen Produktfreigabe beginnt der PM, sein Markteinführungskonzept zu erarbeiten, damit das neue Produkt möglichst unverzüglich eingeführt werden kann. In der Praxis entstehen an diesem Punkt häufig Pannen, weil die PMs oft zu spät mit ihrem Marktkonzept oder mit den vielen Detailarbeiten, die zu einer erfolgreichen Markteinführung gehören, beginnen. Hauptursachen sind Informationsdefizite zwischen PM und Entwicklung sowie Fehleinschätzungen der Entwickler bzgl. der restlichen Entwicklungsdauer. Offensichtlich hat in diesen Fällen das Projektmanagement nicht gut funktioniert.

Die unterschiedlichen Arbeitsintensitäten von PM und Entwicklung verdeutlicht die folgende Grafik:

Arbeitsintensitäten von PM und Entwicklung im Innovationsprozess

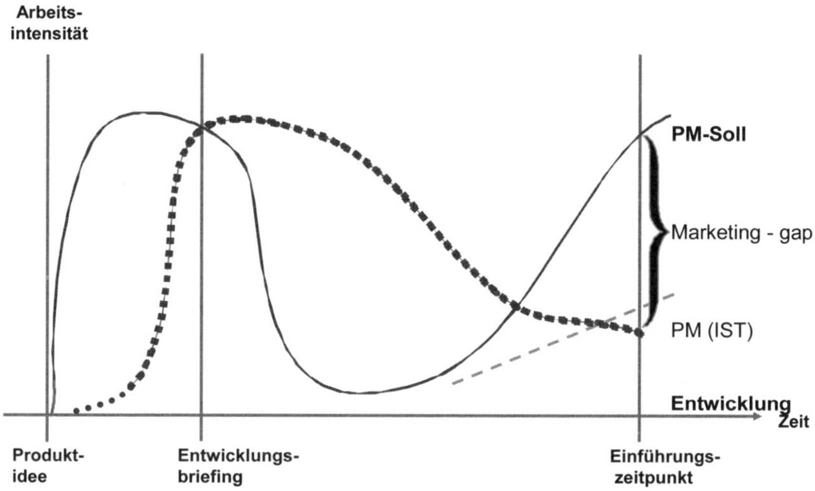

*) Häufig zu beobachtendes Marketingdefizit in technisch orientierten Unternehmen

Quelle: Lippmann/ Motyka: Produkte und Sortimente erfolgreich managen, 2. Aufl., Sternenfels 2008

Im Vorfeld der Markteinführung hat sich der PM oft um eine Reihe von Details zu kümmern.

Welche Aufgaben hat der PM vor der Markteinführung?

- Zulassungen
- Patentfragen
- Namensfindung
- Produktverpackung
- technische Dokumentation
- Bedienungsanleitungen
- Erstdispositionen
- u.v.a.m.

Die Markteinführungsplanung für ein neues Produkt unterscheidet sich kaum von einem anderen Produkt-Marketingplan. Es ist jedoch darauf zu achten, dass genügend Marketingdruck erzeugt wird, um eine schnelle Marktbesetzung zu erreichen. Manches gute Neuprodukt ist leider am schwachen Einführungsmarketing gescheitert.

Worauf es bei der Markteinführung ankommt?

- Klar definierte Zielmärkte für das Produkt
- Klar definierte Ziele
- Gutes Timing
- Gut informierte und geschulte Verkäufer mit ausreichend Zeit für das neue Produkt
- Einbindung und Unterstützung aller notwendigen Abteilungen
- Produkteinführung als Teamaufgabe
- Genaue Abstimmung und Steuerung der abteilungsübergreifenden Aufgaben
- Vorausberechnung der Wettbewerberstrategie
- Ausreichend Mittel für die Größe des Einführungsmarktes
- Ausreichende Warenbestände
- Ausreichende Produktionskapazitäten für frühe Nachfrage
- Richtige Preise für zufrieden stellenden DB
- Rechtzeitige Bereitstellung von Promotion-Material.

Mit seinem Engagement für neue Produkte investiert der PM in die zukünftigen Erfolge seiner Produktgruppe.

Produktdifferenzierung/Produktvarianten

Neben der Neuprodukteinführung hat der PM im Rahmen der Produktpolitik die Möglichkeit, über Produktvarianten das Marktpotenzial noch weiter auszuschöpfen. Bei einer Produktvariante bleibt zunächst der Grundnutzen unverändert, durch eine Umgestaltung der Ausstattung des Ursprungsprodukts z.B. in Richtung high-end oder low-end werden noch zusätzliche Zielgruppen angesprochen.

Mit der Fokussierung auf das hochwertigere Segment bei der Produkteinführung kann zunächst die dort vorhandene Preisbereitschaft abgeschöpft und dann später mit einfacheren Varianten breitere Käuferschichten angesprochen werden. Als Gestaltungsansätze für Varianten kommen die klassischen Positionierungskriterien, die sich an den kaufentscheidenden Faktoren für ein Produkt orientieren, in Frage.

Welche Ansätze für Produktvarianten gibt es?

- Einsatzbereich (z.B. spezieller spritzwassergeschützter Industrie-PC)
- Anwendung (Tennisschuh, Basketballschuh, Fußballschuh)
- Anwender (Hobby vs. Profi-Version)
- Design (Leder vs. Stoff; Holz vs. Kunststoff; Farbe)
- Leistung (Hochgeschwindigkeit vs. Normalgeschwindigkeit)
- Zuverlässigkeit (Verfügbarkeitsklassen von Servern).

Mit neuen Produkten beschäftigen sich Unternehmen gerne und intensiv, was dazu führt, dass die Sortimente im Laufe der Zeit immer umfangreicher werden. Zu selten wird das Angebotsprogramm nach Produkten durchforstet, die ohne großen Verlust für Umsatz und Gewinn aufgegeben werden könnten. Dadurch wird das Angebotsprogramm immer unübersichtlicher und für die Zielgruppe immer schwieriger zu verstehen.

Produktrelaunch

Unter einem Relaunch versteht man die grundsätzliche Überarbeitung eines Produkts, um es einem veränderten Nachfrageverhalten anzupassen. Auslöser für einen Produktrelaunch können z.B. technische Veränderungen im Markt sein, die zu einer Modernisierung des Produkts zwingen. Auch ein zunehmender Wettbewerbsdruck kann einen Neustart des Produkts mit entsprechend geänderten Produkteigenschaften erforderlich machen. Grundsätzlich können sich dabei alle Eigenschaften eines Produkts ändern. Die Anzahl der Produkte bleibt beim Relaunch gleich.

Der Produktrelaunch wird sehr häufig in der Reifephase des Produktlebenszyklus eingesetzt um, wieder Wachstum zu erzielen bzw. um den Eintritt in den Marktrückgang hinauszuzögern.

Von einem Relaunch ausgenommen sind modische Produkte, Produkte am Ende ihres technologischen Lebenszyklus oder Pionierprodukte wie z.B. Coca Cola.

Programmanalyse und Produktelimination

Betreut der Produktmanager nicht nur ein einziges Produkt sondern eine Palette von Produkten oder gar eine ganzes Produktsegment, sollte er einmal im Jahr überprüfen, ob diese Programmbreite wirklich notwendig ist. In umsatzschwachen Randprodukten stecken einige betriebswirtschaftliche Risiken, z.B.

Welche Risiken stecken in umsatzschwachen Produkten?

- alte oder erfolglose Produkte schädigen das Erfolgs-Image des Unternehmens
- unübersichtliche Sortimente behindern den Erfolg aller Produkte
- hohe Lagerbestände verursachen zusätzliche Kosten
- aufwändige Sicherung des Produkt-Know-hows im Unternehmen
- unwirtschaftliche Losgrößen in der Produktion
- Verschlechterung der Beschaffungspreise bei rückgängigen Mengen
- relativ steigende Vertriebskosten bei kleineren Auftragsgrößen.

Aus diesen Gründen ist es sinnvoll, sich rechtzeitig von schwachen Produkten zu trennen, um Zeit und Geld für neue rentablere Produkte einsetzen zu können. Wie geht man bei der Programmbereinigung am besten vor? Folgender Ablauf hat sich bewährt:

Ablauf einer Programmbereinigung

Schritt 1:	Analysieren Sie Absätze, Umsätze und/oder Deckungsbeiträge mit Hilfe der ABC-Analyse; sie zeigt Ihnen, wo starke und schwache Produkte sind. Diese Analysen liefern Ihnen erst einmal Erkenntnisse für eliminierungsverdächtige Produkte.
Schritt 2:	Prüfen Sie nun gemeinsam mit der Marketingleitung, dem Vertrieb und dem Rechnungswesen, welche dieser Produkte unbedingt im Programm bleiben sollten, z.B. weil es ein relativ neues, noch im Wachstum befindliches Produkt ist, weil es Teil eines Systemangebots ist, weil es immer noch von wichtigen Kunden nachgefragt wird, weil wir Lieferverpflichtungen haben, weil es noch einen interessanten Deckungsbeitrag liefert oder weil es durch Verbesserungen wieder wettbewerbsfähig gemacht werden könnte.
Schritt 3:	Wenn nun beschlossen wird, bestimmte Produkte aus dem Programm zu nehmen, planen Sie den Marktaustritt bewusst. Sorgen Sie für den bestmöglichen Abverkauf vorhandener Bestände oder veranlassen Sie eine letztmalige Eindeckung, um zugesagten Ersatzteillieferungen entsprechen zu können. Überlegen Sie, mit welcher positiven Botschaft Sie die Sortimentsbereinigung den noch verbliebenen Restkunden schmackhaft machen können.

In der nachfolgenden Checkliste wird aufgezeigt, wie man im Unternehmen die Entscheidungsfindung unterstützen kann. Auch hier – genau wie bei der Ideenfindung für Neuprodukte – ist es sinnvoll, im Team an das Thema heranzugehen. Letztendlich muss die Entscheidung einer Sortimentsbereinigung von allen verstanden und mitgetragen werden.

Checkliste zur Sortimentsbereinigung

Produktbewertungsbogen zur Sortimentsbereinigung

Produkt A:

	Gewicht 1-2-3	☺ Bewertung ☹ 5	4	3	2	1	gewichteter Punktwert
1. Wird das Produkt vorrangig **von A/B Kunden/ Potenzialkunden** gekauft?							0
2. Ist das Produkt **zwingend** notwendig für einen Komplettanbieter?							0
3. Wie groß ist der **zukünftige Bedarf** für dieses Produkt bei unseren Hauptzielgruppen?							0
4. Welchen **Deckungsbeitrag** erbringt das Produkt?							0
5. Wie hoch ist die **Ressourcen-Entlastung** (Vertrieb/ Produktion) bei Aufgabe des Produkts?							0
6. Ist das Produkt zur **Produktion eines ertragsstarken Produktes** unbedingt notwendig?							0
7. Ist das Produkt zur **Erschließung einer Prioritätszielgruppe** zwingend notwendig (strat. Produkt)?							0
		Produkt-beibehaltungsindex					0

(je höher der Punktwert, desto mehr Kriterien sprechen dafür, das Produkt beizubehalten)

Make-or-buy-Empfehlungen

Auf der Suche nach Verbesserungsmöglichkeiten der Kosten- bzw. Deckungsbeitragsstruktur kann der Produktmanager von Zeit zu Zeit überprüfen, ob eine Ausgliederung der Fertigung dieser Produkte bzw. einzelner Komponenten vorteilhaft sein könnte. Hierbei ist eine Abstimmung mit Produktion und Einkauf vordringlich, bei der folgende Fragen zu besprechen sind:

Prüffragen für Make-or-buy-Entscheidungen

- Welche der von uns produzierten Produkte könnten kostengünstiger zugekauft werden?

- Wäre der Zukauf dieser Produkte oder Teile eine echte Alternative?
- Besteht bei Ausgliederung die Gefahr, Wettbewerbsvorteile zu verlieren, z.B. durch Abgabe des speziellen Know-how an unsere Lieferanten.
- Drohen eventuelle Kundenverluste, z.B. wenn bekannt wird, dass wir das Produkt nicht mehr selbst fertigen?

Solche Entscheidungen wird der Produktmanager nicht alleine treffen können, aber er kann der Initiator für solche Überlegungen sein.

Instrument 2: Servicepolitik

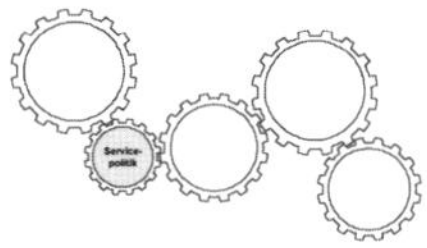

Oft sind sich Produkte der einzelnen Anbieter so ähnlich geworden, dass eine Differenzierung über das Produkt selbst kaum noch möglich ist. Als Folge davon haben Firmen zahlreiche produktergänzende Neben- und Zusatzleistungen entwickelt, mit denen sie das eigene Angebot aufgewertet haben. Diese zusätzlichen Leistungen stellen den Kern der Servicepolitik dar.

Serviceleistungen lassen sich grundsätzlich in aufteilen:

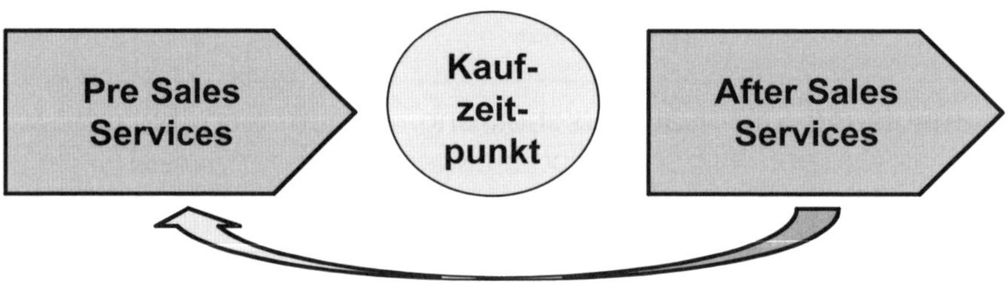

Alle dem Kaufzeitpunkt vorgelagerten Services (Pre Sales Services) dienen dazu, die Kaufwahrscheinlichkeit zu erhöhen. Die dem Kauf folgenden Services (After Sales Services) dienen der Kundenbindung und der Steigerung der Wiederkaufsrate oder stellen einfach Zusatzgeschäft dar.

Ziele der Servicepolitik

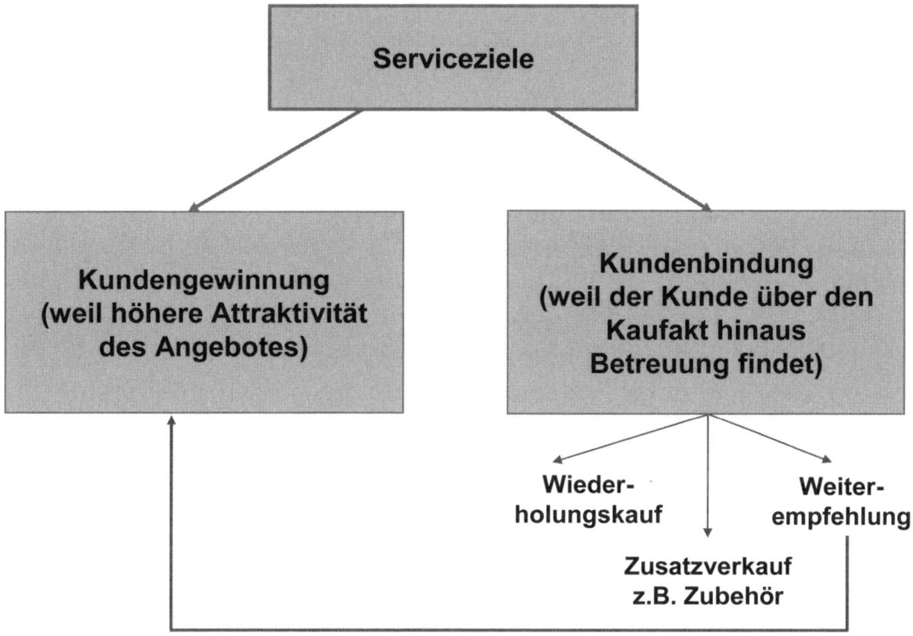

Zur Unterstützung der Kaufentscheidung eignen sich beispielsweise Machbarkeitsstudien, Wirtschaftlichkeitsberechnungen, detaillierte Planungen, Projektierung, Warenproben, Testinstallationen oder die Besichtigung von Referenzanlagen. In der Nachkaufphase gibt es zahlreiche Serviceleistungen, die den Kunden die problemlose Anwendung der Produkte sichern sollen. Gleichzeitig kann so die Kundenbeziehung bis zum nächsten Kauf aufrechterhalten werden. Beispielhaft sind hier zu nennen: Zustellservices, Montage, Inbetriebnahme, Schulungen, Reparaturservice, Service vor Ort, Hotline, Online-Updates, Altproduktentsorgung oder Wartungsverträge. Gerade die zuletzt Genannten sind ein gutes Beispiel dafür, dass Services auch gegen Bezahlung angeboten werden können. So sind manche Services im Laufe der Zeit zu eigenständigen Dienstleistungen, sprich Produkten, geworden, die dann wieder durch PMs betreut und weiter entwickelt werden.

Unter dem Gesichtspunkt der sich verändernden Beschaffungssituation bei Konsumenten aber auch Unternehmen gewinnt die Servicepolitik zusätzliche Bedeutung. Die heutigen Beschaffungsprozesse werden zunehmend komplexer. Der PM nimmt das in seinem Unternehmen als hohe Komplexität verursacht durch die große Artikelanzahl wahr. Beim

Kunden multipliziert sich das mit dem Angebot aller Wettbewerber zu einem unüberschaubaren Warenangebot. Dabei versuchen noch alle Anbieter durch eine entsprechende Produkt-Differenzierung die Vergleichbarkeit mit ihren Wettbewerbern zu erschweren. Damit wird das Angebot für den Kunden nicht nur riesig, sondern der Entscheidungsprozess für ihn auch immer schwieriger. Gleichzeitig steht für den Beschaffungsprozess immer weniger Zeit zur Verfügung. Das betrifft Konsumgüter ebenso wie Investitionsgüter. Hier schafft die Kombination von Produkt und Dienstleistung neue Absatzpotenziale. Mit der Durchleuchtung und Vereinfachung des Beschaffungsprozesses für den Kunden in Kombination mit einer deutlichen Straffung der Sortimente und entsprechenden Dienstleistungen lassen sich heute bemerkenswerte Markterfolge erzielen. Dieser Vereinfachungsansatz wird als „lean consumption" bezeichnet.

Bei der Servicepolitik muss die Wirtschaftlichkeit besonders im Auge behalten werden, denn jede Serviceleistung kostet Geld. Die Ausuferung des Serviceangebotes hat bei manchen Firmen zu hohen Kosten geführt, für die sich niemand wirklich verantwortlich fühlt. Auch ein PM ist meist nicht für das Serviceangebot verantwortlich, denn die meisten Services sind nicht an einzelne Produkte gebunden. Er wird bei neuen Produkten prüfen, ob im Unternehmen vorhandene Serviceleistungen auch seinem Neuprodukt nutzen oder ob er ggf. zusätzliche Services anbieten möchte. Auch sie unterliegen einem Lebenszyklus. Was gestern noch für eine Alleinstellung sorgte, ist heute nur noch Standard oder bereits überflüssig.

Differenzierungen über produktergänzende Serviceleistungen haben sich vielfach gut bewährt. Als Denkanregung möchten wir aber auch an das erfolgreiche Aldi-Konzept erinnern: Keinerlei Services, dafür aber gute Produkte zu attraktiven Preisen, bzw. dem Motto: Bei uns müssen Sie nicht zwischen 30 Sorten Kirschmarmelade auswählen. Das haben wir für Sie bereits erledigt.

Checkliste zur Überprüfung der Servicepolitik	
Überblick über das derzeitige Serviceangebot	▪ Welche Dienstleistungen werden heute rund um das Produkt angeboten?
Serviceversprechen	▪ Sind die Serviceleistungen klar definiert? ▪ Was ist unser Serviceversprechen? Halten wir es ein? (Gefahr der Enttäuschung der Kundenerwartungen)
Bezahlung des Services durch den Kunden	▪ Welche Serviceleistungen stellen wir in Rechnung, welche nicht?
Kosten des Services	▪ Was kostet die Erbringung der Serviceleistungen dem Unternehmen?
Nutzung des Services durch Kunden	▪ Welche Kundengruppen nutzen welche Dienstleistungen?
Nutzen für den Kunden	▪ Welchen Nutzen hat jedes Angebot für Kunden?
Informationsniveau der Kunden	▪ Wie gut sind die Kunden über unseren Service informiert?
Kundenzufriedenheit	▪ Wie zufrieden sind die Kunden heute mit dem Serviceangebot? ▪ Welche Verbesserungsvorschläge gibt es? ▪ Worüber beschweren sich die Kunden?
Wettbewerbsfaktor Service	▪ Wie viele Kunden wurden wegen mangelnder Servicequalität verloren? ▪ Wie viele Angebote wurden wegen des Service verloren? ▪ Welchen Service bieten unsere Wettbewerber an?
Wertigkeit des Service	▪ Ist dem Kunden die Wertigkeit des Service bewusst? ▪ Inwieweit machen wir unseren Kunden die Wertigkeit dieser Leistungen bewusst?
Serviceniveau innerhalb der Branche	▪ Was ist branchenüblich bzw. womit erzielt das Unternehmen einen Mehrnutzen?
Mögliche ergänzende Serviceangebote	▪ Welchen Service könnten wir unseren Kunden rund um die Einsatzmöglichkeiten unseres Produkts noch bieten?

Instrument 3: Preis- und Konditionenpolitik

Im Rahmen der Preis- und Konditionenpolitik müssen Sie als Produktmanager folgende Frage beantworten: "Zu welchen Preisen und Zahlungsbedingungen will ich mein Produkt anbieten?" Dabei ist die Preisfestlegung die eher langfristige, strategische Komponente und die Zahlungsbedingungen das operative Instrument für das kurzfristige Agieren im Markt.

Das ist auch die Grundlage für die Aufgabentrennung zwischen PM und Vertrieb bei der Preisfindung. Der Produktmanager definiert die Preispositionierung und die Preisuntergrenze oder er hat dabei zumindest ein Vorschlagsrecht. Die endgültige Entscheidung behält sich oft die Marketingleitung oder sogar die Geschäftsführung vor. Der Vertrieb steuert dagegen über die Konditionen die optimale, regionale Marktausschöpfung.

Rahmen für Preisüberlegungen des PM

- die betrieblichen Kosten
- das Verhalten der Nachfrager (insbesondere der empfundene Nutzen)
- das Verhalten der Konkurrenten
- gesetzliche Vorschriften.

Preisstrategien

In den meisten Märkten finden sich verschiedene Preisniveaus, die einerseits auf qualitativen, andererseits aber auch auf preispsychologischen Faktoren beruhen (z.B. was teurer ist, muss auch besser sein). Eine Preislagenstrategie kann in Form einer Niedrig-, Mittel- oder Hochpreisstrategie gewählt werden.

Außerdem besteht die Möglichkeit, im Zuge einer Preisdifferenzierungsstrategie das gleiche Produkt zu unterschiedlichen Preisen an verschiedene Kundentypen zu verkaufen. Diese Preisdifferenzierungsstrategie funktioniert allerdings nur, wenn:

- die unterschiedlichen Abnehmergruppen klar abgrenzbar sind,
- keine Preistransparenz besteht,
- die Preisdifferenzierung vom Kunden nicht unterlaufen werden kann.

Ansätze für eine zielgruppenorientierte Preisdifferenzierung

- nach deren Zugehörigkeit zu verschiedenen Stufen der Absatzkette (z.B. Erstausrüster/Original Equipment Manufacturer, Zwischen- bzw. Großhändler, Einzelhändler, Handwerker, Endkunden)

- nach Zielgruppen (z.B. private oder gewerbliche Kunden)
- nach regionalen Aspekten, (z.B. nach Ländern).

Unterschiedliche Preisstrategien sind auch in Verbindung mit dem Produktlebenszyklus möglich. Speziell in der Markteinführungsphase gibt es zwei alternative Preismodelle: die Skimming- und die Penetration-Strategie.

Preisstrategien bei der Markteinführung

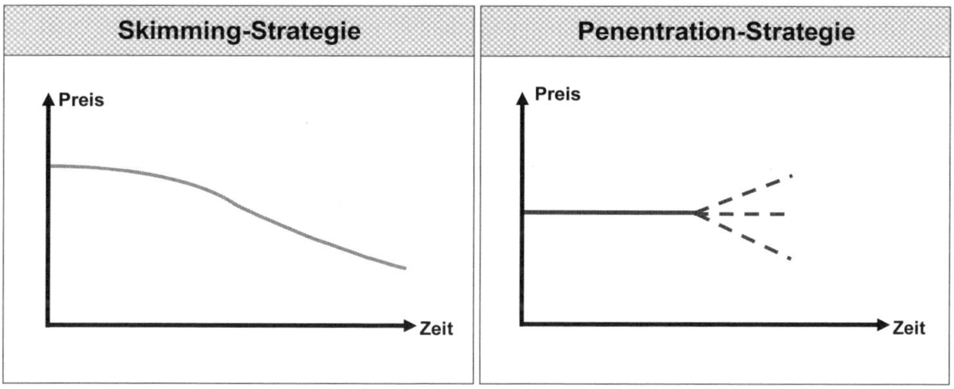

- Skimming-Strategien sind Abschöpfungsstrategien bei denen die anfängliche Alleinstellung mit hohen Einstiegspreisen genutzt wird, um Vorlaufinvestitionen schnell zurückzuverdienen. Die Strategie eignet sich nur für echte Innovationen für die Phase der Alleinstellung. Mit Auftreten der ersten Wettbewerber wird eine Anpassung des Angebotspreises an den Marktpreis (Durchschnittspreis aller Anbieter) erforderlich.

  Diese Preisstrategie wird in Märkten mit hoher Innovationsgeschwindigkeit und kurzem Lebenszyklus wie z.B. Digitalcameras eingesetzt. Der hohe Einführungspreis hat den Vorteil, dass die Preisbereitschaft des Teils der Käuferzielgruppe abgeschöpft wird, der bereit ist, mehr dafür zu bezahlen, der Erste zu sein, der dieses Produkt besitzt. Bei einem niedrigeren Angebotspreis bliebe diese Preisbereitschaft unausgeschöpft. Dem steht allerdings das Risiko gegenüber, dass über den hohen Preis eine zu geringe Stückzahl abgesetzt werden kann. Gleichzeitig lockt das hohe Preisniveau Wettbewerber an.
- Penetrationsstrategien sind Strategien bei denen niedrige Markteintrittspreise eine möglichst schnelle Marktdurchdringung herbeiführen sollen. Sie zielen auf große Absatzmengen, um die erreichbaren Marktsegmente sofort zu besetzen. Gleichzeitig werden mit dem

niedrigen Angebotspreis Wettbewerber vom Markteintritt abgehalten. Das Risiko dieser Strategie beruht auf der Verpflichtung zu großen Stückzahlen. In der Regel basiert die Preiskalkulation auf großen Mengen. Bleiben diese aus, drohen Verluste. Für den Erfolg dieser Strategie ist eine perfekte Markteinführungsplanung mit einem Schwerpunkt beim Vertrieb und der Kommunikation von wesentlicher Bedeutung.

Konditionen

Sie werden gern als 'Feinsteuerung der Preispolitik' bezeichnet und umfassen die eher kurzfristig einsetzbaren Mittel wie Rabatte, Rückvergütungen, Lieferungs- und Zahlungsbedingungen sowie die Gewährung von Zahlungszielen. Mit diesen zusätzlichen Nachlässen können die festgelegten Preise vom Vertrieb kunden- und situationsspezifisch variiert werden. Deshalb beschränkt sich die Aufgabe des Produktmanagers auf das Erarbeiten von Vorschlägen für den Konditionenspielraum, der dann vom Vertrieb bei der Akquisition eingesetzt werden kann. Sinnvollerweise erfolgt die Ausarbeitung gemeinsam mit dem Vertrieb. Auf die Einhaltung der vereinbarten Konditionen sollte der PM im Rahmen seiner laufenden Controlling-Aktivitäten einen Schwerpunkt legen. Was hier durch Zugeständnisse an Ertrag verloren geht, ist rückwirkend nicht durch Preiserhöhungen oder Kostensenkungen auszugleichen.

Rabatte stellen Abschläge auf den Listenpreis eines Produkts dar. Sie können mit unterschiedlichen Absichten gewährt werden.

Welche Rabatte stehen als operatives Steuerungsinstrument zur Verfügung?

- Funktionsrabatte als Entgelt für die Funktion von Absatzmittlern
- Mengenrabatte zur Schaffung von Anreizen für größere Bestellmengen oder als Kombirabatte zum Anreiz des Kaufs mehrerer Produkte
- Treuerabatte zur Erhöhung der Kundenbindung
- Zeitrabatte zur Steuerung von Bestell- und Abnahmezeitpunkte (z.B. zum Ausgleich saisonaler Schwankungen)
- Sonderrabatte zum Beispiel zum Abverkauf von Über- oder Restbeständen.

Die Lieferbedingungen klären alle Fragen des Gütertransfers vom Anbieter zum Kunden.

Lieferbedingungen als Teil des Marketing-Mix

- die Warenübergabe bzw. -zustellung
- das Umtauschrecht
- Konventionalstrafen bei verspäteter Lieferung
- Berechnung von Verpackungs- und Versicherungskosten, Porto, Fracht- und Abfertigungskosten
- Mindestbestellmengen und ggf. Mindestmengenzuschläge.

Die Zahlungsbedingungen bestimmen die Zahlungsverpflichtungen des Käufers.

Welche Zahlungsbedingungen kann der PM für sein Produkt nutzen?

- die Zahlungsweise (z.B. bar gegen offene Rechnung)
- die Zahlungsabwicklung (z.B. Vorauszahlung, Zahlung bei Abholung oder Erhalt der Ware, Höhe der Raten bei Teilzahlung)
- Zahlungssicherungen
- Gegengeschäfte (z.B. Tausch Ware gegen Ware)
- Inzahlungnahme gebrauchter Waren sowie
- Zahlungsfristen und Einräumung von Skonti für die kurzfristige Zahlung.

Erst die Kombination aus Preisen und Konditionen bestimmt die Nettoerlöse Ihres Produkts. Im Interesse der ertragsorientierten Steuerung seiner Produkte sollte der PM den Entscheidungen zur Preis- und Konditionenpolitik besondere Bedeutung beimessen. Grundsätzlich stehen ihm zur Verbesserung der Ertragssituation seiner Produkte zwei Hebel zur Verfügung: die Kosten und die Preise/Konditionen.

Hat der PM das Ziel, die Ertragssituation seines Produkts zu verbessern, stehen ihm zwei Hebel zur Verfügung. Zum Einen kann er versuchen, den Preis zu erhöhen und die Konditionen für sich zu verbessern. Lassen sich Preiserhöhungen im Markt nicht durchsetzen, bleibt ihm zum Anderen noch der Ansatz in Richtung Kostensenkung. Dahinter verbirgt sich die Analyse der Wertschöpfungskette des Produkts.

Empfehlungen für eine professionelle Preis-/Konditionenpolitik

- Überprüfen Sie regelmäßig die Möglichkeit einer Preiserhöhung
- Verknüpfen Sie Preiserhöhungen mit einer positiven Botschaft
- Stimmen Sie ihre Preispolitik genau mit dem Vertrieb ab
- Verknüpfen Sie Preisnachlässe mit Gegenleistungen ihrer Kunden
- Machen Sie Preispolitik zum Topmanagement-Thema
- Passen Sie ihre Preispolitik dem Lebenszyklus an
- Führen Sie einen Nutzen- und keinen Preiswettbewerb
- Lassen Sie von neutraler Seite ihre Preisposition im Markt überprüfen
- Nutzen Sie quantitative Methoden der Preisfindung
- Arbeiten Sie mit den Instrumenten des Preiscontrolling
  (vgl. Preismanagement im B2B Bereich, Homburg, Ch. 2005)

Instrument 4: Distributionspolitik

Mit der Distributionspolitik entscheidet der Produktmanager: "Wie und auf welchen Wegen will ich mein Produkt verkaufen bzw. zu den Käufern bringen?" Sie umfasst im Wesentlichen zwei Bereiche:

- Verkauf/Vertrieb, worunter alle Aktivitäten zur rechtlichen Güterübertragung zu verstehen sind (Abschließen von Verträgen), und
- Marketing-Logistik, die alle Aktivitäten zur physischen Güterübertragung umfasst.

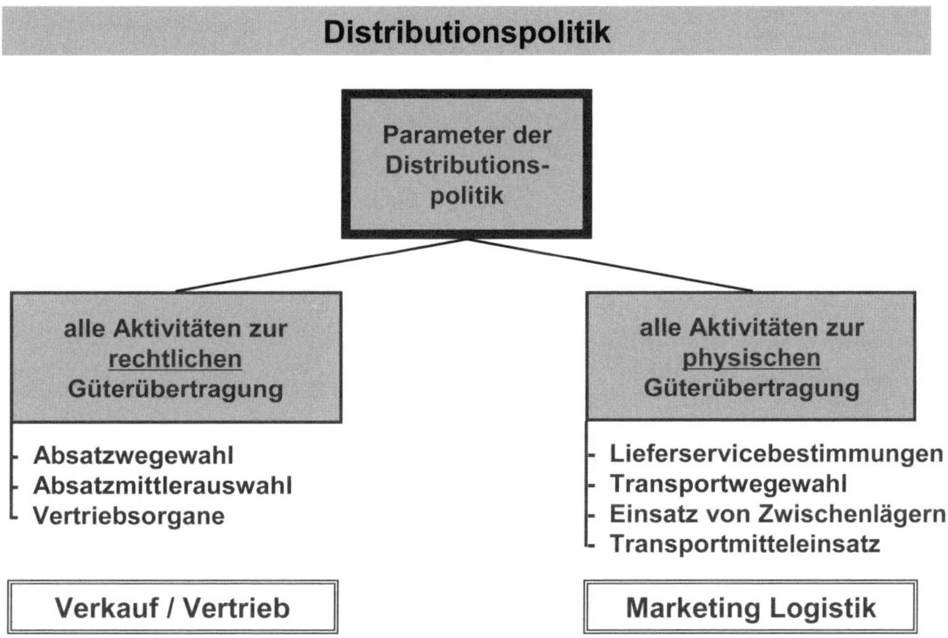

Verkauf/Vertrieb

Normalerweise greift der PM in den Bereich Verkauf/Vertrieb nicht ein. Im Rahmen seiner Produkt-Strategie hat er aber über Punkte zu entscheiden, die die Vertriebsarbeit wesentlich beeinflussen, nämlich:

- die Absatzwegewahl, also die Entscheidung, ob direkt oder indirekt über Absatzmittler (z.B. Handelsunternehmen) an Kunden verkauft wird sowie
- die Absatzmittlerauswahl, also bei indirektem Vertrieb die Wahl der konkreten Absatzpartner.

Zur Überprüfung, ob die gewählten Vertriebskanäle für den Markterfolg des Produkts ausreichen, kann die nachfolgende Checkliste genutzt werden:

Checkliste: Notwendigkeit zusätzlicher Vertriebskanäle für mein Produkt

	trifft voll und ganz zu	trifft im Wesentlichen zu	trifft teilweise zu	trifft in geringem Maße zu	trifft überhaupt nicht zu	keine Beurteilung möglich
Verbesserung der Marktabdeckung						
Durch die Nutzung zusätzlicher Vertriebskanäle können für mein Produkt neue Märkte erschlossen werden (z.B. Internationalisierung)						
Durch die Nutzung zusätzlicher Vertriebskanäle können neue Kundensegmente für mein Produkt erschlossen werden						
Verbesserung der Kundenorientierung						
Durch die Nutzung zusätzlicher Vertriebskanäle können die Kundenbedürfnisse meiner Zielgruppen besser befriedigen werden (z.B. Erreichbarkeit, Produktverfügbarkeit)						
Durch zusätzliche Vertriebskanäle erschließen sich für mein Produkt neue Instrumente der Kundenbindung						
Erhöhung der Kosteneffizienz						
Durch zusätzliche Vertriebskanäle können Aufgaben, die mit meinem Produkt verbunden sind, kostengünstiger als bisher wahrnehmen (z.B. Auftragsabwicklung)						
Verbesserung der strategischen Position						
Durch die Nutzung neuer Kanäle kann die Abhängigkeit von bestehenden Vertriebskanälen vermindert werden						
Bei der Nutzung mehrerer Vertriebskanäle ist nicht mit gravierenden Konflikten zu rechnen						
Innovative Vertriebskanäle bedrohen die Vertriebssituation meines Produktes						
Summe der Nennungen	0		0	0		0
	Spricht für die Nutzung zusätzlicher Vertriebskanäle			Spricht für die Beibehaltung des bestehenden Systems		

Eventuell wurden hierzu bereits wichtige Vorentscheidungen bei der Marktabgrenzung gefällt, wenn z.B. ein Unternehmen hier schon den Fachhandel als einzigen Kanal festlegt.

Die Verkaufsorganisation mit Innen- und Außendienst ist der wichtigste Ansprechpartner für den PM in Bezug auf die Erreichung der von ihm geplanten Umsatzziele. Deshalb ist es für den Produktmanager sehr wichtig, diese Beziehung zu pflegen und den Vertrieb im Rahmen seiner PM-Aufgaben zu unterstützen.

Welche vertriebsbezogenen Aufgaben hat der Produktmanager?

- Vorbereitung von Verkaufsunterlagen und Argumentationshilfen
- produktbezogene Schulung
- ständige Versorgung mit aktuellen Informationen über Produkt, Abnehmer und Wettbewerb

- tiefer gehende, technische Beratung
- Unterstützung bei der Kundenbearbeitung, insbesondere auch bei Spezialaufträgen bzw. Projekten
- gemeinsame Durchführung von Kundenbefragungen
- Marketingcontrolling – Durchsprache identifizierter Markt- und Deckungsbeitragspotenziale
- Gemeinsame Festlegung von vertriebsorientierten Aktionen.

Besonders hinzuweisen ist auch auf die – in der Praxis oft zu wenig genutzte – Möglichkeit zur ständigen Informationsgewinnung mit Hilfe des Außendienstes. Besonders im Investitionsgütermarketing können Kunden- und Wettbewerbsdaten meist nur über den Vertrieb beschafft werden. Ergänzend zur Akquisition und Kundenpflege übernimmt der Vertrieb Marktforschungsaufgaben für das Produktmanagement. Dies muss sich nicht auf die Auswertung der Besuchsberichte beschränken, sondern kann durchaus auch gezielte Kundenbefragungen oder regelmäßige Workshops beinhalten, in denen der PM wichtige Entwicklungen mit den Außendienstmitarbeitern bespricht und über mögliche Konsequenzen nachdenkt.

Besonders intensiv wird die Zusammenarbeit bei der Einführung neuer Produkte. In der folgenden Übersicht sehen Sie den Inhalt eines ‘Product Launch Package‘, das der PM für den Vertrieb bei der Neueinführung eines Produkts zusammenstellt.

Checkliste: Produkt-Launch-Package für den Vertrieb bei einer Neuprodukteinführung - 1 -

Produktübersicht
▪ Detaillierte Beschreibungen der Produkte, ihrer Funktionen und möglichen Anwendungen
Informationen über Zielgruppen
▪ Prioritätszielgruppen für die Markteinführung: ausgewählten Zielgruppen, die in der Markteinführungsphase aktiv angesprochen werden sollen ▪ Konkret anzusprechende Abteilungen/Funktionen innerhalb der Zielgruppen ▪ Größe der Zielgruppe. Ggf. mit entsprechenden Adressen ▪ Spezielle Nutzenerwartungen der einzelnen Zielgruppen an das neue Produkt
Information über begleitende Werbemaßnahmen
▪ Maßnahmen, die im Vorfeld ergriffen wurden, um auf das Produkt aufmerksam zu machen (z.B. Mailing, Werbung in Fachzeitschriften) ▪ Weitere für die Einführungsphase geplante Maßnahmen
Argumentationshilfen
▪ Spezielle Nutzen dieses Produktes ▪ Differenzierungsmerkmale zum Wettbewerb ▪ Alleinstellungsmerkmale des Produktes ▪ Argumentation bezüglich der Preisposition des Produktes
Wettbewerbsvergleich
▪ Vergleich mit den wichtigsten Wettbewerbern
Referenzliste
▪ Liste von Kunden, die das Produkt schon einsetzen (Pilotkunden) ▪ Erfahrungsberichte dieser Kunden
Prospekte/Werbematerialien
▪ Prospekte und andere Werbematerialien wie Muster, Demo-CD, Präsentation

Checkliste: Produkt-Launch-Package für den Vertrieb bei einer Neuprodukteinführung - 2 -

Preislisten
▪ Preise (auch für Add ons und Serviceleistungen), Händlerrabatte etc.
Logistikinformationen
▪ Lieferzeiten, Bestellsystem etc.
Organisatorisches
▪ Zuständigkeiten, Telefonnummern

Der Produktmanager vertritt in der Zusammenarbeit mit dem Vertrieb immer die Marktsicht (top down). Im Abgleich mit der kundenbezogenen Sichtweise (bottom up) des Vertriebs werden Wachstumspotenziale deutlich: Wo stehen wir heute? Wo sind wir noch schwach vertreten und wo gar nicht?

Marketing-Logistik

Aufgaben der Marketing-Logistik:

Das richtige Produkt ...

... in der richtigen Menge ...

... im richtigen Zustand ...

... zum richtigen Zeitpunkt ...

... am richtigen Ort ...

... verfügbar machen.

Zusammen mit der Logistikabteilung stimmt der PM die Gestaltung des Lieferservice sowie die Lieferkosten für seine Produkte ab. Der Lieferservice definiert sich für die Kunden in der Fähigkeit, Geschwindigkeit und Zuverlässigkeit der Lieferung. Für den PM verbergen sich hinter dem Lieferservice unterschiedliche Themen, die mit den Logistikverantwortlichen zu entscheiden sind.

Welche Entscheidungen beeinflusst der PM in der Marketinglogistik?

- Einsatz von Zwischenlagern, insbesondere bei großer geografischer Distanz zwischen dem Herstellungsort und den Standorten der Kunden
- Wahl der Transportwege, also die Entscheidung über den Transport mittels Fahrzeugen, per Bahn, Schiff oder Flugzeug sowie über eigene oder fremde Transportmittel

- Einsatz der Transportmittel, also die Bestimmung und Auslastung der Transportkapazitäten.

Instrument 5: Kommunikationspolitik

Im Zuge der Kommunikationspolitik beschäftigt den Produktmanager vor allem die Frage: "Auf welche Weise kann ich erreichen, dass die möglichen Käufer mein Produkt kennen und es auch gegenüber dem Wettbewerb bevorzugen?"

Unter Kommunikationspolitik verstehen wir die bewusste, systematische Gestaltung der gesamten Kommunikation über das Produkt. Zweck der Kommunikationsarbeit ist es, Erwartungen, Einstellungen und Verhalten der bisherigen sowie der potenziellen Endabnehmer und ggf. der Absatzmittler zu beeinflussen. Produkt-Kommunikation dient damit der Anbahnung, Abwicklung und Nachbearbeitung von Geschäftsabschlüssen.

Mit Hilfe der Kommunikation will der PM für sein Produkt in den Köpfen der Zielgruppe ein ganz bestimmtes Image (Soll-Image) aufbauen. Dieses soll eigenständig sein, möglichst nah an das von der Zielgruppe gewünschte "Idealprodukt" heranreichen und sich trotzdem deutlich von Wettbewerbsprodukten abheben. Wenn es gelingt, mit Hilfe von Kommunikationsmaßnahmen, dieses Image zu entwickeln, wird das eigene Produkt gegenüber dem Wettbewerb als überlegen empfunden werden. Dadurch wächst die Kaufbereitschaft.

Zunächst jedoch hat der Produktmanager folgende Fragen zu klären:

Checkliste zum Image-Aufbau

- Besitzt mein Produkt bei allen Zielpersonen das gleiche Profil und ist dieses prägnant?
- Wie wird mein Produkt von den Zielpersonen im Vergleich mit Wettbewerbsprodukten erlebt?
- Gibt es Wahrnehmungsunterschiede bei den verschiedenen Marktsegmenten bzw. bei den tatsächlichen und potenziellen Kunden?
- Welches sind aktuelle Entwicklungstrends bei den unterschiedlichen Zielgruppen, gibt es Hinweise auf grundlegende Marktveränderungen?
- Ist das Produkt bereits ausreichend bekannt?
- Wie soll die Ziel-Positionierung aussehen?
- Mit welchen Kommunikationsmaßnahmen kann man das Produkt im Bewusstsein und im Unterbewusstseins der Zielgruppe so positionieren, dass deutlich wird, was das Produkt leistet und für wen es das leistet?

Aus den Antworten lassen sich Kriterien für das Soll-Image des eigenen Produkts festlegen.

Beispiel: Aufbau Ziel-Image

Ein großes Bauunternehmen bietet verschiedenartige Bauleistungen an. Für einzelne "Produkte" gibt es PMs. Einer davon betreut den Bereich "Gebäudeabriss". Hier hat man sich auf schwierige Abrissarbeiten konzentriert, z.B. Abriss von Gebäuden, die an andere Häuser gebaut sind oder nur wenig von ihnen entfernt stehen. Produktmanager Weber hat für diesen Leistungsbereich das Soll-Image wie folgt festgelegt:

Spezialist, der ...

... schnell

... mit höchster Präzision und

... sicher

... den Abbruch von Gebäuden auf engstem Raum leistet.

Für die Umsetzung seiner Kommunikationsstrategie steht dem Produktmanager das volle Spektrum der Kommunikationsinstrumente zur Verfügung.

Produktkommunikation mittels der klassischen Medien

Die klassische Mediawerbung wie Fernsehen, Radio, Zeitungen, Zeitschriften und Plakate wendet sich an breite Zielgruppen. Deshalb eignet sich dieser Ansatz besonders gut für Produkte in Massenmärkten. Im

Investitionsgüterbereich sind diese Medien in der Regel wegen der großen Streuverluste nicht interessant. Sie erreichen zwar Ihre Adressaten doch leider auch sehr viele, die Sie gar nicht ansprechen wollten. Da der Preis der Mediennutzen nach der Anzahl geleisteter Kontakte berechnet wird, ist dieser Ansatz sehr unwirtschaftlich.

Als Produktmanager haben Sie aber die Möglichkeit, Meldungen über ein neues Produkt oder Testberichte auch im redaktionellen Teil der Massenmedien zu platzieren (sog. Product Publicity oder Produkt-PR). Dem liegt die Hypothese zugrunde, dass redaktionelle Botschaften von den Mediennutzern nicht – wie bspw. Werbeanzeigen – als Beeinflussungsversuch von Seiten eines Unternehmens erkannt werden und deshalb leichter zu den Zielpersonen durchdringen. Der Erfolg der Product Publicity hängt jedoch stark vom Neuigkeitsgrad der Information sowie von der "Gunst" der Redakteure ab. Vor allem für innovative Firmen ist dieses Instrument gut einsetzbar. Wichtige Redakteure sollten dann von der Werbeabteilung oder vom PM entsprechend gut betreut werden.

Mittelständische Unternehmen, insbesondere im Investitionsgütersektor, beschränken sich beim Einsatz von Massenmedien meist auf Fachmedien und hier speziell auf das Platzieren von Anzeigen und Fachartikeln.

Die neuen Medien/Internet

Das Internet ist eine wesentliche Informationsdrehscheibe im industriellen wie auch im privaten Beschaffungsprozess. Damit hat es auch als Werbeplattform erheblich an Bedeutung gewonnen. Auf der eigenen Homepage kann das Produkt in allen Dimensionen vorgestellt werden. Das Spektrum reicht von einfachen Abbildungen oder Produktbeschreibungen bis hin zu Informationsfilmen, die den Produktnutzen für bestimmte Zielgruppen verdeutlichen oder den praktischen Gebrauch zeigen.

Der Vorteil dieses Mediums ist, dass praktisch keine Streuverluste entstehen, da nur wirklich am Produkt Interessierte die Seiten aufrufen. Die Kosten sind fast unabhängig von der Nutzung. Die Kommunikation kann sich direkt auf die Zielgruppe ausrichten. Über einen entsprechenden

Seitenaufbau erhält der Profi andere Informationen als der Laie, die Firmenkunde andere als der Privatkunde, der Neukunde andere als der Wiederkäufer. Gleichzeitig bestehen verschiedene Möglichkeiten der direkten Kommunikation, z.B. über Call-Back-Button oder Kontakt-Fenstern.

Um Interessenten gezielt auf die eigene Homepage zu führen, gibt es verschiedene Maßnahmen. Bei der Entwicklung der Maßnahmen sollte der PM über die Auswahl wirkungsvoller Suchbegriffe oder die Definition von geeigneten Portalen für eine Verlinkung sein Produktwissen einbringen. Über die Klickrate (wie häufig wurde die Seite aufgerufen) oder die Conversion Rate (aus wie vielen Clicks wurden Kunden bei Shops) kann er eine gezielte Erfolgskontrolle für seine Maßnahmen durchführen. Auch wenn die Verantwortung für den Internetauftritt in der Werbe- oder IT-Abteilung liegt, ist der PM für den Erfolg dieses Mediums für sein Produkt verantwortlich. Er sollte hier konkrete Empfehlungen für das Bewerben seiner Produkt-Website als auch aktuelle Inhalte bereitstellen.

Werbemaßnahmen für die eigenen Produkt-Seiten im Internet

AdWords	Bei definierten Suchbegriffen tauchen in der rechten Spalte des Browsers bezahlte Anzeigen auf. Die Abrechnung erfolgt als Cost-per-Click, d.h. pro Aufruf der Anzeige. Die Kosten hängen von der Beliebtheit des Suchbegriffs bzw. der Seite ab.
E-Mail-Werbung	Direktkommunikation mit dem Ziel, den Adressaten über einen Link auf die eigene Homepage zu leiten
Verlinkung	Verbindung der eigenen Homepage mit anderen, von der Zielgruppe häufig besuchten Adressen
Banner-Werbung	Werbeanzeigen, die auf einer Partner-Website oder Portalen geschaltet sind
Pop-Up	Werbeseiten, die sich über eine aufgerufene Seite legen.

Direkt-Werbung

Zur Direkt-Werbung zählt z.B. das Versenden persönlicher Briefe oder E-Mails, eventuell ergänzt um Kataloge und anderes Informationsmaterial (sog. Direct Mailing). Als weitere Formen der Direkt-Werbung lassen sich Telefon- und Faxwerbung nennen. So kann die Direkt-Werbung zur Kundeninformation, Ankündigung von Neuprodukten, Erinnerung an Ersatzbedarf, Vor- und Nachbereitung von Außendienstbesuchen sowie zur Einladung zum Messebesuch genutzt werden. Die besonderen Vorteile der Direkt-Werbung gegenüber der klassischen Werbung liegen in geringeren Streuverlusten, in der Möglichkeit Unterschiede zwischen einzelnen Zielpersonen besser berücksichtigen zu können, in der Dialogmöglichkeit durch Rückkoppelungsprozesse sowie in der Kontrollierbarkeit des Erfolges.

Voraussetzungen für erfolgreiche Direkt-Werbung

- Die Zielgruppe muss genau definierbar sein
- Bei E-Mail-Marketing muss eine Geschäftsbeziehung zum Adressaten bestehen oder dessen Einwilligung vorliegen
- Die Adressen der Zielpersonen müssen vorhanden und aktuell (z.B. Kundenadressdatei) oder beschaffbar (z.B. von sog. Adressverlagen) sein
- Kapazitäten und Know-how und ein entsprechendes Budget zur Beauftragung externer Dienstleister (u.a. Direkt-Werbeagentur, Lettershop) müssen vorhanden sein
- Sorgfältige Planung mehrer Dialogstufen (einmal ist keinmal!)
- Das Unternehmen muss über Möglichkeiten zur schnellen Reaktion auf das Feedback der Zielpersonen verfügen.

Verkaufsförderung

Unter dem Begriff der Verkaufsförderung wird eine Vielzahl unterschiedlicher Maßnahmen zusammengefasst, die der Produktmanager zur kurzfristigen Stimulation der Abverkäufe seiner Produkte im Handel am Verkaufspunkt (POS/Point of Sale) nutzen kann.

An wen kann sich die Verkaufsförderung wenden?

- Die eigene Vertriebsorganisation, die die Handelspartner für den Einsatz unserer Verkaufsförderungsmaßnahmen gewinnen müssen
- die Absatzmittler, die marketingmäßig entlastet werden und bei denen der Abverkauf unserer Produkte und damit deren Umschlaghäufigkeit gesteigert werden soll und
- die Endabnehmer, die in der konkreten Kaufsituation positiv beeinflusst werden sollen.

Typische Beispiele für endabnehmerorientierte Verkaufsförderungsmaßnahmen sind Preisausschreiben, Zur Verfügungstellung eines Produkts für eine Probezeit und Inzahlungnahme gebrauchter Produkte beim Kauf eines Neuen. Mit Displaymaterialien wie Schaufensteraufstellern, Plakaten bzw. Poster, Zweitplatzierungshilfen etc. wird die Produktpräsenz am Point of Sale gesteigert. Zur Motivation des eigenen Vertriebs können beispielsweise Sonderprämien ausgesetzt, Wettbewerbe durchgeführt oder auch Verkaufshilfen zur Verfügung gestellt werden. Die Verkaufsförderung ergänzt damit erfolgreich die "klassische" Werbung, weil sie punktuell am POS eingesetzt werden kann. Ein Produktmanager wird gemeinsam mit dem Vertrieb dann gezielte Verkaufsförderungmaßnahmen entwickeln, wenn er mit kurzfristigen Aktionen seinen Produktumsatz im diesem Handelskanal steigern will.

Sponsoring

Unter Sponsoring versteht man die Zuwendung von Finanz-, Sach- und/oder Dienstleistungen von einem Unternehmen (Sponsor) an eine Einzelperson, eine Gruppe von Personen oder eine Organisation bzw. Institution (Gesponserte/r). Als Gegenleistung wird das Recht gewährt, den Gesponserten für die eigene Kommunikation nutzen zu dürfen. Grundlage hierfür ist ein Sponsorship-Vertrag. Die heutigen Erscheinungsformen des Sponsoring lassen sich nach den gesellschaftlichen Feldern, in denen sich die Gesponserten betätigen, einteilen in Sport-, Kunst-, Sozio- und Öko-Sponsoring. Beim Sponsoring können nur sehr begrenzt Botschaften über das Produkt transportiert werden (z.B. Markenname, -logo und -farben). Deshalb eignet sich Sponsoring hauptsächlich für bekannte Produkte bzw. Marken.

Teilnahme an Messen und Ausstellungen

Auch die Teilnahme an Messen und Ausstellungen ist eine Form der Direkt-Kommunikation. Messen sind speziell für Fachbesucher gedacht. Diese nutzen Messen bevorzugt zur Gewinnung von Markttransparenz. Teilweise werden hierbei auch heute noch Abschlüsse getätigt, jedoch mit rückläufiger Tendenz.

Bei Messen und Ausstellungen können in einem kurzen Zeitraum zahlreiche Beziehungen geknüpft und gepflegt werden. Gewöhnlich nimmt ein Unternehmen mit mehr als einem Produkt oder einer Produktgruppe an Messen und Ausstellungen teil. Deshalb wird sich hier die Aufgabe eines PMs darauf konzentrieren, die Präsentation seines Produkts mitzugestalten und für das Standpersonal Argumentationshilfen vorzubereiten. Auch spezielle Messeschulungen gehören zu den Aufgaben eines Produktmanagers. Ggf. kann sich auch der Produktmanager als Ansprechpartner für alle produktspezifischen Fragen auf dem Messestand verfügbar halten, um bei Bedarf dem Standpersonal zur Seite zu stehen. Besser ist es jedoch, wenn er selbst die Messe zur Beobachtung seiner Hauptwettbewerber nutzt.

Event-Marketing

Ein häufig genutztes Instrument der Kommunikationspolitik ist das Event-Marketing. Mit einer erlebnisorientierten Inszenierung von firmen- oder produktbezogenen Themen sollen z.B. Kunden direkt emotional angesprochen werden. Die Unternehmen versuchen, etwas Außergewöhnliches zu bieten, zu dem die Eingeladenen sonst kaum Zugang hätten.

Was bringen Events?

- starke emotionale Aktivierung der Umworbenen
- gute Dialogplattform durch unmittelbaren Kontakt zu den Teilnehmern
- Ausschaltung des Wettbewerbs; während des Events haben Sie die Kunden exklusiv für sich
- hoher Erlebnis- und Erinnerungswert.

Mit Events lassen sich Bekanntheits- und Imageziele wirkungsvoll fördern. Wichtig ist dabei die Vernetzung mit anderen Kommunikationsinstrumenten eingesetzt. Für Produktmanager, die starke Marken betreuen oder die bedeutende Innovationen neu im Markt einführen dürfen, kann Event-Marketing eine überlegenswerte Alternative im Rahmen des Kommunikationsmixes sein.

Zusammenarbeit mit Kommunikationsdienstleistern

Bei der Durchführung der Kommunikationsmaßnahmen arbeitet der Produktmanager mit internen (z.B. Werbeabteilung) und/oder externen Spezialisten (z.B. Werbeagenturen, Unternehmensberatern, Mediaagenturen) zusammen. Im Einzelnen geht es dabei um folgende Aufgabenbereiche:

Inhalte der Zusammenarbeit mit externen Partnern

- Erarbeitung eines Werbekonzepts
- Auswahl von Medien
- Gestaltung und Produktion von Kommunikationsmitteln
- Streuung der Kommunikationsmittel.

Der Erfolg Ihrer Kommunikationsmaßnahmen tritt erst dann ein, wenn die Botschaften über das Produkt von den Partnern wahrgenommen, richtig verstanden und in Handlungskonsequenzen umgesetzt werden.

Das heißt ganz konkret bei der Zusammenarbeit mit einer Werbeagentur, dass Sie die Ausgangssituation und die Aufgabenstellung möglichst exakt beschreiben sollten. Je besser dieses Briefing, desto größer ist die Wahrscheinlichkeit einer guten Agenturleistung.

Inhalte eines internen oder externen Werbebriefings

Situationsanalyse:

- ausgewählte Informationen über den Produktmarkt, insbesondere Zielgruppeninformationen
- wichtige Wettbewerber und deren Werbung/PR
- Produktinformationen: Eigenschaften, Verwendungszweck, Nutzenargumente, eigene Stärken und USP
- Kaufentscheider und Kaufentscheidung
- bisherige Umsatzentwicklung des Produktes, Stellung im Produktlebenszyklus
- Werbeaktionen der Vergangenheit und ihr Erfolg.

Produktziele und -strategien:

- übergeordnete Marketing-Ziele des Unternehmens, soweit relevant für das Produkt
- Produktbezogene Ziele und Strategien, besonders Positionierungsziel
- Werbeziele – was soll die Werbung zur Erreichung der Produktziele bis wann beitragen?
- Zielgruppe(n) des Produktes und werbliche Zielgruppe(n).

Rahmenbedingungen:

- Vorgaben, die sich aus der Corporate Identity (CI), bzw. aus der Marke ergeben, eventuelle Gestaltungsrichtlinien des Unternehmens und 'No-no's' d.h. was wir überhaupt nicht wollen
- eventuell in der Branche übliche werbliche Gepflogenheiten, die unbedingt eingehalten werden sollen, z.B. Nutzung bestimmter Branchenmedien
- Werbeetat, Beschreibung einzelner Posten
- Aufgabe für die Agentur, gewünschter Leistungsumfang; klare Aufteilung in interne und externe Aufgaben
- Auftragsbeschreibung
- Terminwünsche, besonders bei Einbindung der Werbung in andere Marketingaktivitäten

- Ansprechpartner für die Werbeagentur, ggf. das Team der beteiligten Entscheidungsträger
- Kontrollen, Berichtswesen, Besprechungen, Budget-Kontrolle und Werbeerfolgskontrolle.

In diesem Abschnitt haben wir Ihnen in komprimierter Form die vielfältigen Möglichkeiten aufgezeigt, die die einzelnen Marketing-Instrumente bieten. Aus dieser Vielfalt heißt es nun, einzelne Bausteine auszuwählen und zu einem, in sich logischen und schlüssigen, aber auch wirkungsvollen Marketing-Mix zusammenzufassen. Dafür muss der PM die Marketing-Instrumente nicht nur kennen, sondern auch beherrschen Da wir Ihnen im Rahmen dieses Buches nur einen Überblick geben konnten, möchten wir den interessierten Leser auf die reichlich vorhandene Marketing-Fachliteratur hinweisen.

3.6 Die Rolle des Produktmanagers bei der Realisierung

Mit Festlegung der Marketing-Maßnahmen und den detaillierten Planzahlen hat der PM seine Planung für das nächste Geschäftsjahr abgeschlossen. Jetzt beginnt die Realisierungsphase, in der die einzelnen Maßnahmen parallel zur Tagesroutine abgearbeitet werden. Einzelne Arbeiten wird der PM selbst durchführen, bei anderen muss er dafür Sorge tragen, dass andere Funktionen oder externe Dienstleister Arbeitspakete in seinem Sinne durchführen.

Welche Steuerungsaufgaben hat der PM in der Umsetzungsphase?

- inhaltlich klar die einzelnen Aufgaben definieren
- die durchführenden Abteilungen ausführlich genug briefen
- notwendige Ergänzungsinformationen geben
- ggf. Input für Lösungsmöglichkeiten liefern
- Termine vereinbaren
- zur konstruktiven Mitarbeit motivieren
- die Arbeiten überwachen und prüfen.

Die Initiative gegenüber anderen Abteilungen liegt immer beim Produktmanager. Er hat eine Holschuld in dem Sinn, dass er auf die anderen Abteilungen zugehen muss, um regelmäßig den Fortschritt der – hoffentlich gemeinsam erarbeiteten – Maßnahmen festzustellen. Je besser seine Pläne im Vorfeld abgestimmt waren, desto geringer werden die Reibungspunkte in der Umsetzungsphase sein.

Auch bei guter Planung werden sich in der Realisierungsphase immer wieder Abweichungen vom geplanten Vorgehen oder von den geplanten Werten ergeben. Abweichungen, die nach drei oder vier Monaten auftreten, müssen keineswegs bedeuten, dass deshalb das Jahresziel unerreichbar geworden ist. Im Gegenteil: Die Abweichung ist eine Herausforderung, mit zusätzlichen oder anderen Aktivitäten doch noch den Jahresplan zu erreichen.

Dies setzt allerdings voraus, dass die Jahresziele in unterjährige Teilziele herunter gebrochen werden, die dann in kürzeren Abständen bzgl. der Zielerreichung beobachtet werden. Durch dieses "Marketing-Controlling" wird es möglich, kurzfristig steuernd einzugreifen, wenn die Gefahr besteht, dass das Jahresziel verfehlt werden könnte. Dies gilt sowohl für

Zielunterschreitungen als auch für -überschreitungen. Letztere sind für das Unternehmen zwar leichter zu ertragen, aber auch sie können unangenehme Probleme verursachen wie Lieferzeiten, erhöhte Kosten durch Überstunden, Qualitätsprobleme als Folge kurzfristig gesteigerter Mengen u.v.a.m.

Controlling ist immer in die Zukunft gerichtet und zwar auf die Erreichung der kurz- und mittelfristigen Ziele.

Die zwei Fragen des PM bei Plan-Abweichungen

- Wird durch diese Abweichung das Erreichen meines Jahreszieles oder meiner mittelfristigen Ziele gefährdet (im günstigsten Fall haben sich nur zeitliche Verschiebungen ergeben, die sich in den nächsten Monaten wieder ausgleichen)?
- Wenn ja, mit welchen Maßnahmen können wir gegensteuern?

Das produktbezogene Marketing-Controlling ermöglicht dem Produktmanager eine Feinsteuerung über die gesamte Realisierungsphase hinweg. Hierzu werden überwiegend messbare Größen verwendet und zwar nur solche, zu denen im Unternehmen auch kurzfristig IST-Daten zur Verfügung gestellt werden können.

Häufig verwendete Controlling-Messgrößen

- Absätze (Mengenbetrachtung)
- Umsätze (Wertbetrachtung)
- Auftragseingänge (als Frühindikator für den später folgenden Umsatz)

- Durchschnittspreise
- Deckungsbeiträge
- gewährte Konditionen (Erlösschmälerungen)
- Kosten/Budgets
- Liefererfüllung bzw. Lieferrückstände
- Bestände
- Reklamationsquote.

Es eignen sich nur Messgrößen, für die auch Planwerte vorliegen. Manche Unternehmen führen keine Plan-Ist-Vergleiche, sondern Ist-Ist-Vergleiche durch. Hier wird der aktuelle Wert mit dem jeweiligen Vorjahreswert verglichen. Dies mag zwar interessant sein, bringt aber für eine zielorientierte Steuerung keinen Nutzen.

Welche Größen sollen in welchen Zeitabständen überwacht werden? Kurze Zeiträume, z.B. tägliche Kontrollen führen leicht zu einem hektischen Überreagieren. Außerdem entsteht ein großer Aufwand für das Bereitstellen und Auswerten der Daten. Lange Zeiträume z.B. Halbjahr oder Quartal verschenken eventuell dringend benötigte Reaktionszeiten. Sicher ist die Beantwortung dieser Frage auch von der Schnelllebigkeit Ihrer Branche abhängig. In vielen Unternehmen wird für das Produktmanagement die Monatskontrolle als angemessen betrachtet. In Unternehmen mit gut funktionierenden Controllingsystemen können die Produktmanager spätestens am fünften des Folgemonats über die Auswertungen des Vormonats verfügen.

Sinnvollerweise sind die Auswertungen so aufgebaut, dass der PM kaum noch manuelle Eingriffe vornehmen muss.

Beispiel einer Produkt-Controllingliste

Produkt-Controlling **PM:** **Datum:**

Inland ( ) **Ausland ( )** **Gesamt ( )**			**Monat: ____________**					**kumuliert bis Monat: ________**				
Produkte	**Werte**	**Angaben**	**Soll**	**IST**	**Abweichung**			**Soll**	**IST**	**Abweichung**		
		in			*absolut*	*%*	++/-- □			*absolut*	*%*	++/-- □
	Absatz	St□ck										
	AE *)	T□										
	D-Preis **)	□/Stck										
	DB %	%										
	DB-Vol ***)	T□										
	Absatz	St□ck										
	AE *)	T□										
	D-Preis **)	□/Stck										
	DB %	%										
	DB-Vol ***)	T□										

) AE = Auftragseingang **) D-Preis = Durchschnittspreis *) DB-Vol = Deckungsbeitragsvolumen ° Bedeutung der Abweichung von ++ bis --*

Einen anderen Charakter hat die Ergebniskontrolle. Sie dient dazu, die Wirkungen der Marketing-Maßnahmen nach deren Durchführung zu erfassen. Bei länger laufenden Maßnahmenprogrammen lassen sich Zwischenchecks durchführen. Hier stehen eher qualitative Fragestellungen im Vordergrund der Ergebniskontrolle.

Wie kann der PM die Wirkung von Maßnahmen prüfen?

- Wurde die Maßnahme termingerecht fertig gestellt? Wenn nein, welche Konsequenzen hat dies?
- Hat die Maßnahme zu dem gewünschten Ergebnis geführt? Wenn nein, warum nicht?
- Sind zusätzliche Maßnahmen erforderlich?
- Was können wir aus Soll-Ist-Abweichungen für die Zukunft lernen?

Aus dem letzten Punkt wird deutlich, dass die Ergebniskontrolle zu Lernprozessen führen kann, die die Planungsfähigkeit des Produktmanagers laufend verbessern.

Lerneffekte werden ebenfalls gefördert, wenn zur Ergebniskontrolle wiederum Kennzahlen herangezogen werden, die den Erfolg der eingeleiteten Marketingmaßnahmen nachvollziehbar machen.

Kennzahlen zur Wirksamkeit von Marketingmaßnahmen

- Response/Rücklaufquoten: Sie belegen die Resonanz auf bestimmte Werbekampagnen wie z.B. von Direct-Mail-Aktionen oder auch von schriftlichen Befragungen und liefern so ein Benchmark für die Qualität der Aktion
- Kosten-Kennzahlen: Für Mailing-Aktionen könnten dies die Kosten pro Aussendung, die Bruttokosten pro Kontakt oder die Kosten pro Auftrag sein
- Durchschnittlicher Kontaktpreis z.B. bezogen auf die Besucher des eigenen Messestandes
- Zugriffskennzahlen auf die Internet-Seiten des eigenen Produktes als Gradmesser für die Attraktivität des Angebotes.

Alle besprochenen Controllingmaßnahmen sollen die Fähigkeit verbessern, geplante Ziele möglichst genau zu erreichen. Bei Planabweichungen sind i.d.R. zusätzliche Maßnahmen oder veränderte Termine erforderlich, die in der Phase der Realisierung oft kurzfristig ergriffen werden müssen. Hierfür sind die Managerfähigkeiten des PMs gefragt. Abweichungen zu erkennen ist nur die eine Seite, entschlossen und mit Initiative gegenzusteuern ist die andere Seite, die vom Produktmanager erwartet wird.

Vielfältige Aktivitäten verteilt auf unterschiedliche Abteilungen, Personen oder Dienstleister erfordern vom PM gute organisatorische Fähigkeiten. Für die Zusammenarbeit mit Kollegen und Partnern muss er seinen individuellen Managementstil finden (vgl. nächstes Kapitel).

4. Welches Verhalten kennzeichnet erfolgreiche Produktmanager?

4.1 Managementtechniken für Produktmanager

Der wesentliche Unterschied zwischen einem Produktmanager und einem Linienmanager besteht in der fehlenden oder zumindest eingeschränkten Weisungsbefugnis und in der Vielzahl der Ansprechpartner außerhalb der eigenen Abteilung. Trotzdem verlangt die PM-Aufgabe, dass er sich im Interesse seines Produktes im Unternehmen durchsetzen kann. Handelt es sich hier um einen Widerspruch im Produktmanagementsystem? Eigentlich nicht, denn es sind Situationen, die im Alltagsleben vielfach vorkommen. Auch Projektmanager müssen sich in und mit ihrem Projektteam durchsetzen und dies ebenfalls ohne hierarchische Macht. Jeder muss bei Produktmanagerorganisationen damit leben, dass die Einheit von Aufgabe, Kompetenz und Verantwortung beim PM nicht gegeben ist. Dass es trotzdem es funktionieren kann beweisen etliche Firmen, die dem Idealzustand einer PM-Organisation recht nahe kommen.

Wenn also ein PM sich nicht auf eine hierarchische oder stellenbezogene Macht stützen kann, wird er spezifische Verhaltensweisen, Eigenschaften und Fähigkeiten einsetzen müssen, um seine Durchsetzungsfähigkeit in der Zusammenarbeit mit anderen sicherzustellen. Produktmanager aus mittelständischen Unternehmen setzen individuell unterschiedlich auf die in Tabelle 16 dargestellten Punkte. Nutzen Sie diese Tabelle, um Ihr eigenes Managementprofil zu erstellen. Eigenschaften, Fähigkeiten und Verhaltensweisen mit hoher Wichtigkeit für Sie, die aber noch schwach ausgeprägt sind, machen deutlich, wo Ihre persönlichen Qualifizierungsansätze auf dem Weg zum Top-PM liegen.

Was fördert Ihre Durchsetzungsfähigkeit als Produktmanager? - 1 -

	Wichtigkeit für mich					Handlungsbedarf	
	1 sehr wichtig	2 wichtig	3 weniger wichtig	4 sehr stark	5 stark	ja	nein
1. Wichtige Eigenschaften/Fähigkeiten							
▪ Fachkompetenz bzgl. meines Produktmarktes							
▪ positive Einstellung zum eigenen Produkt							
▪ Initiative							
▪ Überzeugungskraft							
▪ Ehrlichkeit/Glaubwürdigkeit							
▪ Kooperationsbereitschaft							
▪ Teamfähigkeit							
▪ Einfühlungsvermögen							
▪ Hilfsbereitschaft							
▪ Kreativität für Problemlösungen							
▪ Beharrlichkeit, Durchhaltevermögen (auch gegen Widerstände)							
▪ Selbstvertrauen							
▪ unternehmerische Einstellung							
2. Verhaltensweisen							
▪ gezielt informieren (Informationsdrehscheibe für das eigene Produkt werden)							
▪ faktengestützt arbeiten und argumentieren Zusammenhänge und Vernetzungen deutlich machen							

Was fördert Ihre Durchsetzungsfähigkeit als Produktmanager? - 2 -

	Wichtigkeit für mich					Handlungs-bedarf	
	1 sehr wichtig	2 wichtig	3 weniger wichtig	4 sehr stark	5 stark	ja	nein
▪ Strukturierung von Problemen und Aufgaben							
▪ klare Vereinbarungen treffen							
▪ kontrollieren und							
▪ nachfassen							
▪ Feedback über Ergebnisse geben							
▪ Machtpromotoren erkennen und nutzen							
aber auch							
▪ Vertrauen und menschliche Beziehungen aufbauen							
▪ gezieltes Einbeziehen von Kollegen							
▪ Gemeinsamkeit schaffen							
▪ motivieren/begeistern							
▪ sich selbst zurücknehmen							
▪ andern ihre Ideen lassen							
▪ zuhören können							
▪ fragen statt sagen; moderieren							
▪ loben							
▪ danken							
▪ andere am Erfolg teilhaben lassen							

Die Autorität und damit die Durchsetzungsfähigkeit eines PM erwächst nicht nur aus seinem Können, sondern sehr stark auch aus seiner Persönlichkeit, seinem Selbstverständnis, wirklich Manager und nicht 'Produkt-Kümmerer' sein zu wollen, und aus seinem daraus abgeleiteten Verhalten. Man spricht von "informaler" Autorität, da ihm diese durch seine persönliche Leistung und weniger durch seinen hierarchischen Rang zugesprochen wird.

4.2 Erfolgreicher Umgang mit anderen und mit Teams

Produktmanager im Brennpunkt zwischenmenschlicher Beziehungen

Zur informalen Autorität gehören auch gute Fähigkeiten im Umgang mit zwischenmenschlichen Beziehungen. Da ein PM durch seine koordinierende, bereichsübergreifende Funktion ständig mit Menschen zu tun hat, nimmt das Thema "Kommunikation und Konfliktbewältigung" für ihn eine zentrale Rolle ein. Die Art, wie der Produktmanager kommuniziert und wie er mit zwischenmenschlichen Beziehungen und Konflikten umgeht, wird darüber entscheiden, ob er auch in der Sache Erfolg hat.

Viele Produktmanager bestätigen, dass sie oft dort nicht weiterkommen, wo "Menschliches" die Situation bestimmt, z.B. wenn Kollegen oder Teams bei einem Gespräch einfach "abblocken". Solche oder andere menschliche "Zwischenfälle" treten im Berufsalltag sehr häufig auf. Sie kosten Energie und beeinträchtigen Effizienz und Erfolg der PM-Arbeit. Persönliche und zwischenmenschliche Kompetenz ist deshalb bei Produktmanagern heute gefragter denn je. Je mehr ein Produktmanager über Hintergrund und Mechanismen zwischenmenschlicher Prozesse weiß, umso gezielter und sicherer kann er damit umgehen. So wird er letztlich viel Unterstützung und Einsatz für sein Produkt mobilisieren.

Die Transaktionsanalyse als praxiserprobtes Kommunikationsinstrument

Zu dem Thema "Kommunikation" gibt es aus Psychologie und Kommunikationsforschung verschiedene Denkmodelle. Im Folgenden wird die Transaktionsanalyse vorgestellt, da sie sich in vielen Firmen als praktischer Ansatz zur Verbesserung von Kommunikationsfähigkeiten bestens bewährt hat.

Was bedeutet eigentlich "Transaktionsanalyse"?

Die Transaktionsanalyse (TA) beschäftigt sich mit dem, was sich zwischen Menschen abspielt. Sie hat zum Ziel, zwischenmenschliche Beziehungen verständlich zu machen und Verständigungsbarrieren zu beseitigen. Darüber hinaus ermöglicht sie dem Einzelnen, seinen Umgang mit Menschen noch positiver zu gestalten.

Ausgangspunkt der TA ist "die Transaktion", also jeder verbale oder nonverbale Austausch zwischen zwei oder mehreren Personen. Eine Transaktion besteht aus einem Reiz und einer Reaktion.

Wechselwirkung Reiz-Reaktion

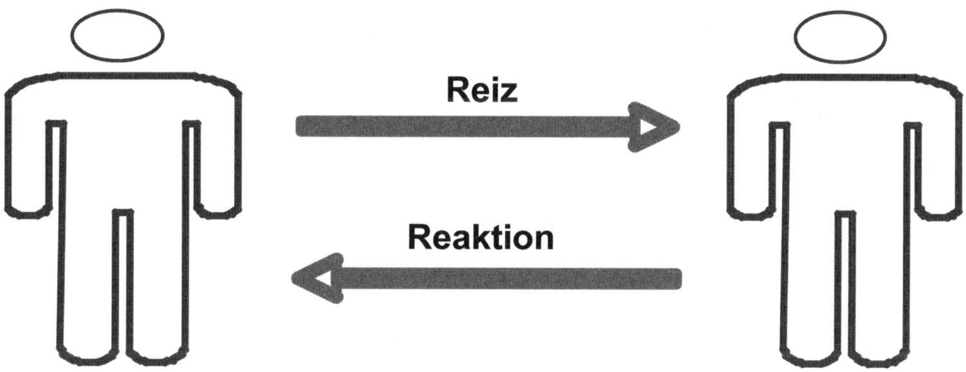

Die Ich-Zustände in der TA

Die TA geht davon aus, dass ein und derselbe Mensch unterschiedliche Verhaltensweisen an den Tag legen kann – auch während kurzer Zeiträume. Diese unterschiedlichen Verhaltensweisen werden von verschiedenen Ich-Zuständen gesteuert. Diese Ich-Zustände zu erkennen, hilft deshalb beim Umgang mit Menschen. Diese Kenntnis ermöglicht es, menschliches Verhalten besser einzuschätzen und gezielt darauf Einfluss zu nehmen.

Vielfältige Schnittstellen für einen Produktmanager

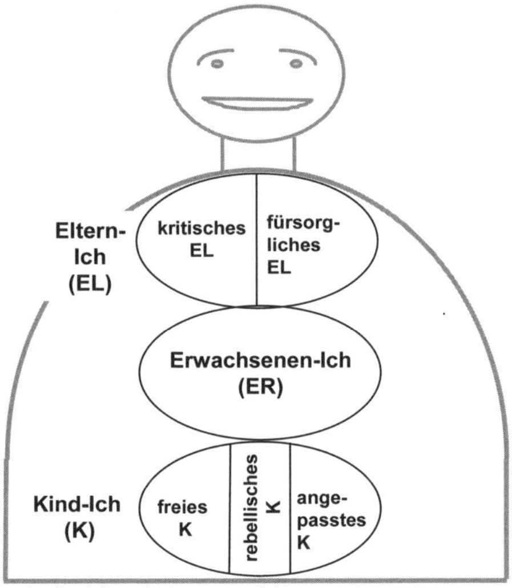

Jeder Mensch verfügt über alle Ich-Zustände, jedoch individuell in unterschiedlicher Ausprägung.

Wie erkennt man die verschiedenen Ich-Zustände?

Das **kritische Eltern-Ich (kEL)** wertet, befiehlt, setzt durch, verordnet. Man kann es erkennen am erhobenen Zeigefinger und an Worten wie "müssen", "sollen", "Sie dürfen nie", "Wie oft habe ich schon gesagt" etc.. Positive Eigenschaften des kritischen Eltern-Ichs sind: es packt an, ist mutig, handelt in Notsituationen rasch.

Das **fürsorgliche Eltern-Ich (fEl)** lobt, hört zu, tröstet, beruhigt, hat Verständnis. Charakteristisch ist die warme beruhigende Stimme und Worte wie "machen Sie sich keine Sorgen", "Kopf hoch, das wird schon wieder" etc.. Positive Eigenschaften des fürsorglichen Eltern-Ichs sind: es gibt Schutz und Geborgenheit, hat Verständnis für Probleme und viel Geduld.

Das **Erwachsenen-Ich (ER)** beobachtet objektiv, sammelt Daten, trifft sachliche Entscheidungen, analysiert. Man erkennt es an der neutralen, sachlichen Stimme und Formulierungen wie "Ich stelle fest ...", "gehen wir die Sache gemeinsam durch", "Wie sehen Sie das Problem", etc. Positive Eigenschaften des Erwachsenen-Ichs sind: es ist ein guter Problemlöser, es klärt Situationen unvoreingenommen, es formuliert wertfrei.

Das **freie Kind-Ich (fK)** lässt seinen Emotionen freien Lauf, es ist spontan und kreativ. Charakteristisch ist die ausgeprägte Körpersprache und Worte wie "super", "toll", "klasse" etc.. Positive Eigenschaften des freien Kind-Ichs sind: es macht Situationen lebendig, bringt Stimmung und Spaß und ist offen.

Das **rebellische Kind-Ich (rK)** regt sich über die 'Stärkeren' oder die 'Autoritäten' auf. Es ist launisch, subtil zynisch, aufsässig, frech und vieles mehr. Charakteristisch ist forderndes, dominantes oder 'zickiges' Auftreten. Positive Eigenschaften des rebellischen Kind-Ichs sind: es entspricht oft nicht den Wünschen und Erwartungen anderer, es ist immer für Überraschungen gut, es hat das Potenzial für Veränderung in sich.

Das **angepasste Kindheits-Ich (aK)** ist ängstlich, gehorsam, richtet sich stark nach anderen. Charakteristisch ist der gesenkte Blick und Formulierungen wie "dürfte ich vielleicht mal", könnten wir bitte ...", "wenn's Ihnen recht ist ...", etc. Positive Eigenschaften des angepassten Kindheits-Ichs sind: es ist rücksichtsvoll, höflich, gibt nach.

Ihr Egogramm

Welches sind Ihre bevorzugten Ich-Zustände? Schätzen Sie sich einmal anhand folgender Skala ein. Gehen Sie dabei jeden Ich-Zustand durch und tragen Sie einen Wert von 0-100 in die zugehörige Skala ein; je nachdem wie stark der jeweilige Ich-Zustand Ihrer Meinung nach bei Ihnen ausgeprägt ist. Dabei kommt es nicht so sehr auf die absolute Höhe, sondern auf die Relation der einzelnen Ich-Zustände zueinander an.

Grundschema für das persönliche Egogramm

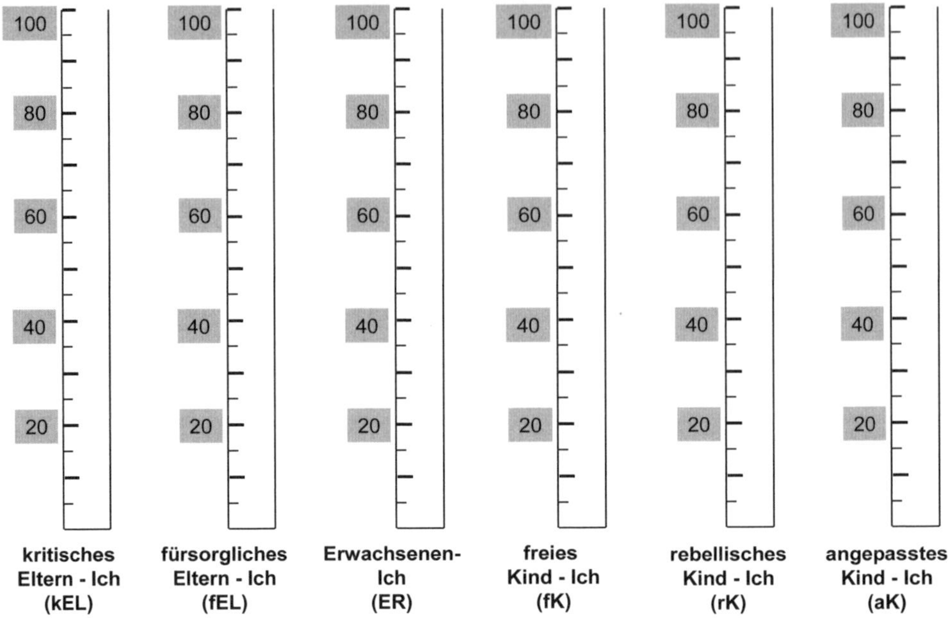

Die Ausprägungen der einzelnen Ich-Zustände geben Aufschluss darüber, wie eine Person kommuniziert.

Hierzu zwei Beispiele:

Beispiel 1:

Produktmanager Werner Wissel weist folgendes Egogramm auf:

Egogramm Werner Wissel

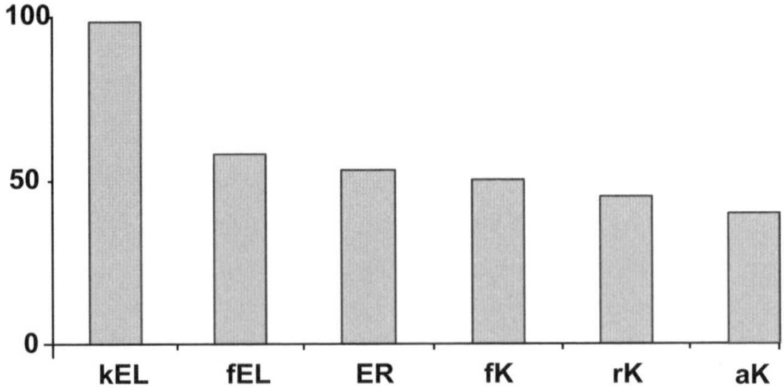

Werner Wissel kommt immer wieder in die Situation, dass Kollegen bei Gesprächen mit ihm abblocken. Er fühlt sich dann abgewiesen und ist frustriert. Besonders ärgert ihn, dass der Vertriebskollege Hans Kühl sich bei dem heutigen Telefonat überhaupt nicht kompromissbereit zeigte. Das Telefonat war folgendermaßen abgelaufen:

Hans Kühl: "Herr Wissel, können Sie sich gleich mal um den Kunden Weber kümmern. Ich habe ihm Ihre Nummer weitergegeben. Er hat eine Frage zu Ihrer Produktgruppe und wird sich gleich bei Ihnen melden."

Werner Wissel: "Aber Herr Kühl, das ist doch Ihre Aufgabe. Dafür gibt es schließlich unseren Katalog, dass Sie solche Fragen selbst beantworten können. Meinen Sie, ich habe nichts zu tun?"

Hans Kühl: "Wie soll man sich bei so einem Katalog auskennen, er ist doch viel zu unübersichtlich."

Werner Wissel: "Dann werde ich Ihnen zeigen, wie man sich in dem Katalog zurechtfinden kann."

Wie lässt sich nun das Verhalten von Werner Wissel mit seinem Egogramm erklären?

Werner Wissel weist eine starke Ausprägung im kritischen Eltern-Ich auf und neigt von daher dazu, seine Wünsche in Vorwürfe zu kleiden. Er zeigt sich auch gern autoritär. Sein 'freies Kind' ist ebenfalls ganz gut ausgeprägt. Dies führt wiederum dazu, dass sich sein Gesprächspartner unter Druck gesetzt fühlt und mit Gegendruck oder Trotz reagiert. Dadurch kommt es zum Kampf zwischen den Gesprächspartnern. Die Sache, um die es geht, tritt dabei in den Hintergrund. Mit dieser Vorgehensweise erreicht Herr Wissel nicht, dass sein Wunsch nach Entlastung Gehör findet.

Erst wenn er sein Kommunikationsverhalten ändert, hat er große Chancen, sein Ziel zu erreichen. Dabei kann ihn sein Erwachsenen-Ich unterstützen. Das Gespräch könnte dann folgendermaßen ablaufen:

Hans Kühl: "Herr Wissel, können Sie sich gleich mal um den Kunden Weber kümmern. Ich habe ihm Ihre Nummer weitergegeben. Er hat eine Frage zu Ihrem Produkt und wird sich gleich bei Ihnen melden."

Werner Wissel: "Herr Kühl, ich bin grundsätzlich gerne bereit, Sie zu unterstützen. Andererseits habe ich selbst wichtige Aufgaben zu erledigen und bin von daher auch auf Ihre Unterstützung angewiesen. Es wäre eine große Entlastung für mich, wenn Sie solche Kundenanfragen selbst in die Hand nehmen.

Hans Kühl: "Aber der Katalog ist zu unübersichtlich."

Werner Wissel: "Ich gehe selbstverständlich den Katalog gemeinsam mit Ihnen durch. Sie können dann Fragen dazu stellen und vielleicht sogar ein paar Anregungen für eine bessere Gestaltung einbringen. Was halten Sie davon?

Mit Hilfe seines Erwachsenen-Ichs schafft Herr Wissel es hier, Herrn Kühl gegenüber seine Situationen sachlich zu begründen. Dadurch wirbt er für Herrn Kühls Verständnis und bewirkt, dass dieser eine andere Sichtweise über das Problem bekommt. Damit kann das Gespräch zu einer konstruktiven Lösung führen, die beide Seiten zufrieden stellt.

Beispiel 2:

Produktmanager Heinz Hilf weist folgendes Egogramm auf:

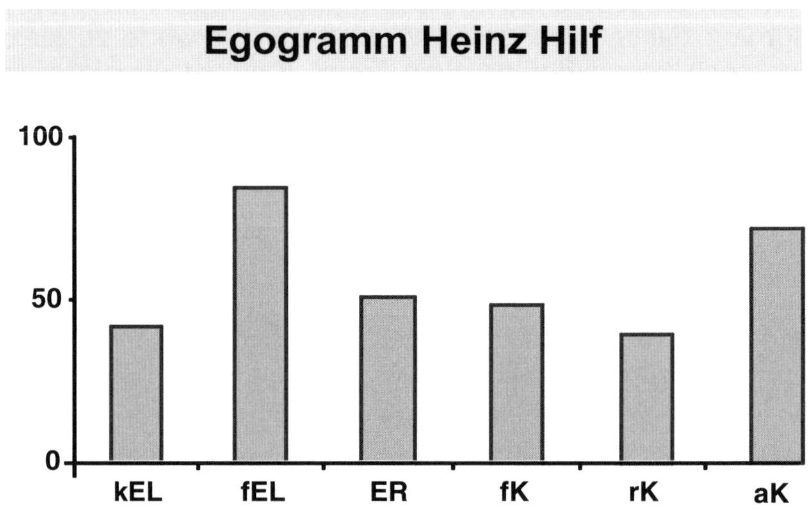

Heinz Hilf kommt immer wieder in die Situation, dass seine eigentlichen Aufgaben liegen bleiben, weil er "tausend" andere Dinge erledigen muss. Mit seiner starken Ausprägung im fürsorglichen Eltern-Ich und im angepassten Kind-Ich neigt er dazu, sich für jeden einzusetzen, denn er will es allen recht machen. Das hat sich natürlich in der Firma herumgesprochen, so dass er immer häufiger mit "Nebenaufgaben" beschäftigt wird.

Zur Zeit fühlt sich Herr Hilf besonders überlastet, da er mit seinem Werbekonzept stark in Verzug ist. Dabei wollte er sich schon die ganze Woche nur darauf konzentrieren, wurde aber ständig durch Fachfragen seiner Vertriebskollegen abgelenkt. Leider konnte er – wie immer – zu keinem "nein" sagen. Heinz Hilf läuft langfristig Gefahr, dass ihm sein Chef eines Tages mitteilt, er sei der Aufgabe des Produktmanagers nicht gewachsen.

Für Herrn Hilf ist es unbedingt notwendig, mehr sein Erwachsenen-Ich einzusetzen. Nur so kann er sich von Aufgaben entlasten, für die andere Abteilungen zuständig sind und seinen eigenen Aufgaben als PM langfristig gerecht werden.

Er könnte sich folgendermaßen an das Vertriebsteam wenden:

Herr Hilf: " Herr ..., mir ist in den letzten Wochen aufgefallen, dass sehr viele Fragen rund um meine Produktgruppe auftreten. Das freut mich natürlich sehr, denn es zeigt, dass Sie interessiert sind und den Wunsch haben, mehr darüber zu erfahren. Gerne komme ich Ihrem Wunsch entgegen. Was halten Sie davon, wenn wir uns möglichst bald gemeinsam für eine Schulung einen Tag reservieren, damit Sie Ihr fachliches Know-how vertiefen und abrunden können?"

Vertriebsteam: "Damit wird der Vertriebsleiter nicht einverstanden sein. Der freie Tag geht schließlich auf seine Kosten."

Herr Hilf: "Ich habe erst vor kurzem dem Vertriebsleiter gegenüber meinen Vorschlag geäußert und begründet. Er ist grundsätzlich damit einverstanden."

Mit dieser Vorgehensweise im Erwachsenen-Ich erreicht Heinz Hilf, dass die Vertriebskollegen sich angesprochen fühlen. Er bietet ihnen seine Unterstützung in Form einer Schulung an und motiviert und befähigt sie damit, in Zukunft Kundenanfragen selbst zu managen. Die häufig genannte Ausrede "ich kenne mich nicht aus, machen Sie mal ..." wird damit hinfällig. Und Heinz Hilf entlastet sich selbst dadurch erheblich.

Für einen erfolgreichen Produktmanager gilt es also, verstärkt die Energien seines Erwachsenen-Ich's zu mobilisieren, um bei Einzelnen oder in Teams konstruktive Lösungen zu erzielen.

Das "ideale Egogramm" eines Produktmanagers sieht in etwas so aus:

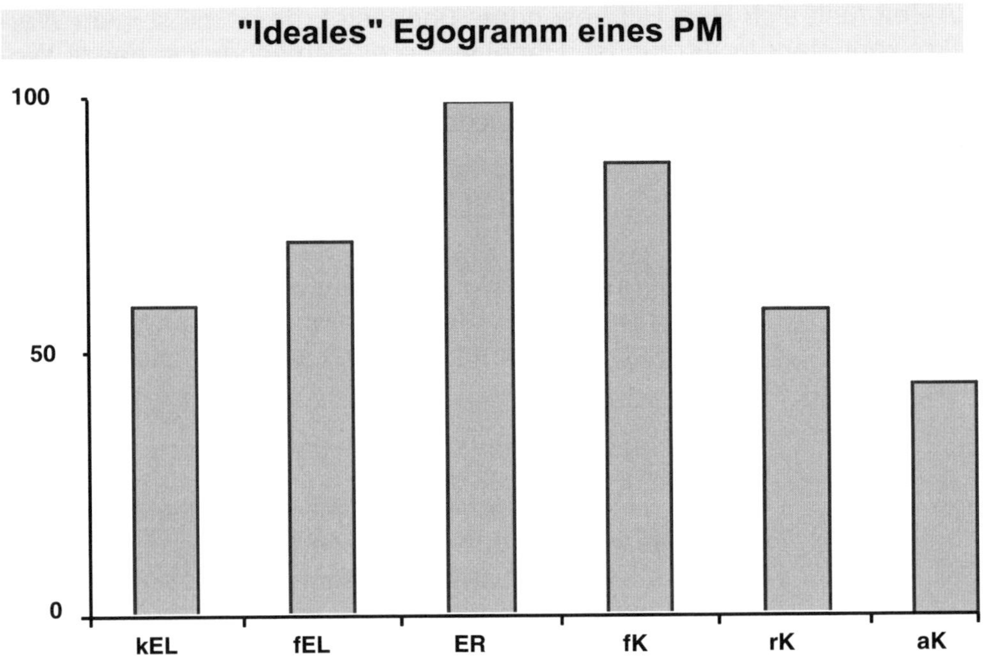

Idealerweise verfügt der Produktmanager also über einen hohen Anteil an Erwachsenen-Ich. Auch das freie Kind-Ich ist stark ausgeprägt. Letzteres ermöglicht dem Produktmanager, eine übereinstimmende Atmosphäre und Verbundenheit mit Kollegen oder Teams herzustellen. Das 'rebellische Kind' braucht ebenfalls eine gute Ausprägung, um Veränderungsimpulse in die Kommunikation einbringen zu können.

Jeder Mensch kann **durch Übung die Ausprägung seiner Ich-Zustände aktiv beeinflussen und sein Kommunikationsverhalten gezielt verändern**. Überlegen Sie sich einmal, welche Ich-Zustände Sie bei sich stärker ausbauen möchten.

Für einen Produktmanager gibt es vielfältige Möglichkeiten, in schwierige Gesprächssituationen zu geraten und in Konflikte mit Einzelnen oder Teams verwickelt zu werden. Die Fähigkeit, mit Konflikten konstruktiv und erfolgreich umzugehen, ist erlernbar. Sie sollte, genau wie die fachlichen Fähigkeiten, trainiert werden.

Hier einige Tipps für Ihre PM-Konfliktlösungsfähigkeit:

- Setzen Sie in konfliktgeladenen Gesprächssituationen mit Einzelnen oder Teams offene Fragen (W-Fragen) ein, wie z.B.:

  - * Wie würden Sie die Aufgabe lösen?
  - * Was glauben Sie, ist dabei noch zu beachten?
  - * Was verstehen Sie unter...?
  - * Welche Stelle meinen Sie genau?
  - * Was meinen Sie konkret damit?
  - * Unter welchen Umständen könnten Sie...?
  - * Wie sehen Sie...?
  - * Was könnten wir anders machen?
  - * Wie müsste der Katalog Ihrer Meinung nach gestaltet sein?
  - * etc.

  Sie lenken damit das Gespräch, während Sie sich selbst zurücknehmen. Ihr Gesprächspartner fühlt sich miteinbezogen

- Bevor Sie auf einen Einwand/Konflikt mit einer schlichten Frage aus dem Erwachsenen-Ich reagieren, gehen Sie zunächst auf die freie Kind-Ich-Ebene. Bedauern Sie ruhig, dass der andere z. B. keine Zeit für Ihr Anliegen hat. Schildern Sie ihm, wie wichtig Ihnen seine Meinung bezüglich Ihres Anliegens ist. Das schafft Vertrauen und die Basis für eine sachliche Diskussion. Darüber hinaus motiviert es Ihren Gesprächspartner ungemein.

- Widerlegen Sie Gegenvorschläge oder unerbetene Tipps nicht gleich sachlich, sondern sprechen Sie Ihrem Gesprächspartner bzw. dem Team Anerkennung dafür aus, dass er/es sich Gedanken zu dem Thema gemacht hat. Bringen Sie erst dann sachliche Argumente.

- Signalisieren Sie jemandem, der Sie um Hilfe bittet, dass Sie ihn grundsätzlich gerne unterstützen. Klären Sie dann, welche Form der Unterstützung der andere braucht, um die Aufgabe eigenständig zu lösen (begehen Sie hier nicht den Fehler, die Aufgabe des anderen immer gleich selbst zu übernehmen – Sie belasten sich damit zusätzlich).

- Wenn es mit Einzelnen oder im Team latente Konflikte gibt, die sich in kalter Atmosphäre oder spitzen Bemerkungen äußern, sprechen Sie die Konflikte an. Zeigen Sie Ihre Betroffenheit und fragen Sie nach Ursachen.

Je mehr Sie den Umgang mit Konflikten trainieren, umso sicherer und überzeugender können Sie konfliktgeladene Situationen bewältigen.

Machen Sie am besten jetzt gleich den Anfang. **Üben Sie gleich hier**, indem Sie folgende Einwände bzw. konfliktreiche Situationen aus der Praxis mit Hilfe der genannten Tipps lösen:

- "Ich habe keine Zeit für ein Gespräch mit Ihnen, bin voll eingedeckt mit eigenen Aufgaben"

  Meine Reaktion:

  ____

  ____

  ____

- "Das ist doch Ihr Produkt, kümmern Sie sich doch darum."

  Meine Reaktion:

  ____

  ____

  ____

- "Sehen Sie doch mal im Katalog nach, ich blicke da nicht durch".

  Meine Reaktion:

  ____

  ____

  ____

Wir haben in diesen Ausführungen die Transaktionsanalyse als Hilfsmodell für Erkenntnisse im zwischenmenschlichen Umgang auch deshalb ausgewählt, weil dieses Modell in knappen Ausführungen verständlich gemacht werden kann. In firmenspezifischen Trainings, die der Verbesserung des gegenseitigen Verstehens und einem konstruktiven Umgang miteinander dienen, empfiehlt sich als Hilfsmittel z.B. auch der Einsatz des Herrmann Dominanz Instrumentes (HDI) (Spinola/Peschanel, 1992)

5. Wie wird eine Produktmanager-Organisation erfolgreich geführt?

Auch wenn wir von den Produktmanagern Initiative und Unternehmertum erwarten, kann nicht davon ausgegangen werden, dass ein Produktmanagement als selbststeuerndes System funktioniert. Im Gegenteil: Wir haben gezeigt, dass zwischen PMs ein Wettbewerb um die knappen Ressourcen zwangsläufig entstehen muss, wenn jeder (gewollt) egoistisch in erster Linie primär den Erfolg seines eigenen Produkts im Auge hat. Deshalb ist eine Führung erforderlich.

Produktmanagerorganisationen brauchen Führung

- um sicherzustellen, dass alle Produktaktivitäten den übergeordneten Unternehmenszielen dienen
- um die einzelnen Produkt-Strategien sinnvoll in ein Gesamt-Marketingkonzept zu integrieren
- um zu gewährleisten, dass knappe Ressourcen genau dort eingesetzt werden, wo sie die größte Wirkung für das Gesamtunternehmen erzielen
- um zu erreichen, dass der Wettbewerb zwischen den PMs leistungsfördernd wirkt und fair bleibt und
- um aus dem Produktmanagement ein leistungsfähiges und gut ins Unternehmen integriertes Team zu formen.

Am besten mit der besonderen Rolle des Produktmanagers vereinbar ist eine Führung über Zielvereinbarungen (management by objectives). Gemeinsam vereinbarte Ziele geben dem PM eine Orientierung und einen konkreten Rahmen vor, indem er sich als "Manager" entfalten kann. Sie lassen ihm eine "lange Leine" und damit genügend Spielraum für kurzfristig notwendige, nicht planbare Aktivitäten.

Die Grundlagen für die Zielvereinbarung erarbeitet der PM selbst, nämlich seinen Produkt-Marketingplan. Die Abstimmung von Inhalten mit dem Vorgesetzten in den einzelnen Planungsphasen ist bereits ein solcher Zielvereinbarungsprozess. Außer den Zielen aus dem Produkt-Marketingplan können aber auch noch andere, nicht produktbezogene Ziele Gegenstand der jährlichen Zielvereinbarung sein wie z.B.:

- Die Übernahme eines Projektes; z.B. die Klärung der Marktchancen in einem neuen Ländermarkt außerhalb des definierten Marktes oder die Leitung eines interessanten Entwicklungsprojektes außerhalb des eigenen Produktbereichs
- Weiterbildungsziele, die nach einer gemeinsamen Bedarfsanalyse beschlossen werden, um den PM weiter zu qualifizieren
- Verhaltensziele, die formuliert werden, um erkannte Schwächen des PM schrittweise abzubauen.

In Verbindung mit einer leistungsorientierten Entlohnung (vgl. Punkt 2.7) können die Ziele, die dem Leiter Produktmanagement in einem Jahr besonders wichtig erscheinen, an eine Zielerreichungsprämie gekoppelt werden. Dieses System ermöglicht es, sowohl quantitative, wie auch qualitative Ziele zu vereinbaren, die der PM dann möglichst selbständig zu erreichen versucht. Auch der Zielerreichungsgrad am Jahresende wird gemeinsam bestimmt. Je höher der gewichtete Zielerreichungsgrad ist, desto höher ist der Prämienanteil, der für diese Leistung ausgeschüttet wird.

System zur Ermittlung der Zielerreichungsprämie

PM: Werner Wissel **Jahresziele:** 2... **vereinbart mit:** HJL **Zielerreichung:** HJL **besprochen mit:** WW

Vereinbarte Ziele Datum:	**Gewicht in %**	**Zielerreichungsgrad** Datum:	**Zieler-reichung in %**	**Gewich-teter Wert in %**
1. Wirtschaftliche Ziele 1.1 Absatzsteigerung um 8 %	25	1.1 Voraussichtliche Stückzahl-steigerung + 9,2 %	100	25,00
1.2 Erhöhung DB1 von 40 auf 42 %	25	1.2 DB1 zum Jahresende: 41,5 %	75	18,75
2. Ziele für die Marketing-Instrumente 2.1 Einführung Produkt X zum 1.4.	12,5	2.1 Termingerecht eingeführt, Umsatz 10 % über Plan	100	12,50
2.2 Veröffentlichung von 5 Fachartikeln für das eigene Produkt	12,5	2.2 Bis Jahresende werden 4 Artikel erschienen sein	80	10,00
3. Sonstige Produktziele 3.1 Marktuntersuchung für Zielmarkt Japan	7,5	31. Nur Sekundärforschung durch-geführt, keine Zeit für Reise	50	3,75
3.2 Ermittlung Kundenzufriedenheit im Inland	7,5	3.2 Untersuchung läuft, Ergebnisse kommen im Februar	80	6,00
4. Persönliche Ziele 4.1 Verbesserung Teamfähigkeit durch Besuch eines Moderatorentrainings	10	4.1 Keine Zeit, Seminaranmeldung einmal verschoben	0	0
	100	*Aus der Zielerreichung ergibt sich folgender Prämienanteil*		**76,00**

Führung über Ziele passt nach unserer Erfahrung zu gut ausgebildeten, mündigen Mitarbeitern, die – auch wenn sie in eine Organisation eingebunden sind – mit einer gewissen Eigenständigkeit arbeiten wollen.

Zum eigenständigen Arbeiten gehört neben klaren Zielen auch die Zuweisung eines Budgets. Im Produkt-Marketingplan werden ergänzend zur zukünftigen Marktbearbeitung auch die finanziellen Ressourcen geplant, die ein PM dazu benötigt. Ziel und Ressourcen bilden im Grunde eine Einheit, denn die Erreichung von ehrgeizigen Zielen erfordert immer auch den Einsatz von Ressourcen. Deshalb ist es konsequent, wenn die Leitung im Zielvereinbarungsprozess auch das Budget festlegt, über das der Produktmanager bei der Umsetzung seines Planes dann eigenständig verfügen kann.

Eine Erhebung der Marketing Consult GmbH aus dem Jahr 2007 zeigt, dass erst knapp zwei Drittel der Unternehmen überhaupt mit Budgets für Produkte arbeiteten und davon hat nur knapp die Hälfte der Produktmanager 'volle' Budgetverantwortung.

'Ideale Führung' einer Produktmanager-Organisation umfasst also das gemeinsame Vereinbaren von produktbezogenen Zielen, die Freigabe der Produkt-Strategie sowie die Festlegung eines PM-Budgets. Die Grundlage dazu liefert der Produkt-Marketingplan, den jeder PM erarbeitet. Damit sind alle Basiswerte definiert, die für das nachfolgende Produkt-Controlling benötigt werden.

Mittelständische Unternehmen tun sich mit solchen Führungsmethoden teilweise immer noch schwer. Das Hauptproblem besteht darin, dass Vorgesetzte und hier insbesondere in inhabergeführten Unternehmen oft nicht im notwendigen Maße loslassen können. Dies trifft besonders häufig auf Unternehmen der Gründer- oder Aufbaugenerationen zu, also jener Generation, die ein Unternehmen ein kräftiges Stück voran bringen. Selbst dann, wenn Ziele und Budgets vereinbart sind, ist in diesen Unternehmen immer noch jeder einzelne Umsetzungsschritt genehmigungspflichtig oder er wird zumindest kontrolliert. Jede Ausgabe, auch im Rahmen von genehmigten Etats, läuft zuerst über den Schreibtisch des Vorgesetzten. Die Gestaltungsspielräume, die ein "echter PM" benötigt, werden den Mitarbeitern dort nicht zugebilligt. Sie werden in die Rolle des abwickelnden Sachbearbeiters gedrängt, mit der Konsequenz, dass sie sich irgendwann genauso verhalten oder gehen.

Zielvereinbarungen bedeuten nicht, dass sich der Vorgesetzte in die Realisierung überhaupt nicht mehr einschaltet. Seine Hauptaufgaben liegen aber mehr in der Unterstützung der PMs und in der Steuerung im Rahmen der monatlichen Plan-Ist-Vergleiche. Mit diesen Controllingaktivitäten verschaffen sich Abteilungsleiter und PM gemeinsam ein Bild, ob und inwieweit der Produktbereich in Richtung seiner Ziele vorankommt. Bei Planabweichungen hat der Vorgesetzte fallweise zu entscheiden, ob er sich lediglich beratend, unterstützend und motivierend einschaltet oder ob er im übergeordneten Interesse anordnend eingreift.

Eine weitere wichtige Führungsfunktion gegenüber den PMs entsteht, wenn diese um Unterstützung bitten, z.B. dann, wenn sie scheinbar unlösbare Probleme mit Schnittstellenfunktionen haben. Soweit dies von der Sache her möglich ist, sollte sich der Marketingleiter bzw. der Leiter des Produktmanagements hinter seine Mitarbeiter stellen und mithelfen, diesen Konflikt konstruktiv oder notfalls auch über die Unternehmensleitung zu lösen.

Produktmanager, die merken, dass ihr Chef ihnen hilft, berechtigte Interessen des Produktmanagements durchzusetzen, gewinnen an Selbstsicherheit und damit eigene Durchsetzungsstärke.

Ein Phänomen, dem Vorgesetzte des Produktmanagements besondere Beachtung schenken sollten, ist die operative Überlastung ihrer Mitarbeiter. Zu vieles landet nach und nach auf deren Schreibtisch, auch wenn für viele Arbeiten eindeutig andere im Unternehmen zuständig wären. Vor allem jüngere Produktmanager erkennen diese Gefahr nicht. Sie freuen sich über "die scheinbare Akzeptanz" im Haus und sind bemüht, sich um alles selbst zu kümmern. Damit beginnt ein fataler Teufelskreis: Aufgrund der operativen Überlastung kann sich der PM nicht genügend mit seinen Produkten, seinen Zielgruppen und seinen Märkten befassen. Dementsprechend ungenau sind seine Marktanalysen und Produktplanungen. Die Realität weicht stark von der Planung ab, was zu Akzeptanzproblemen für den PM führt. Ohne Akzeptanz lässt die Unterstützung anderer Abteilungen nach. Der PM kann er seiner Aufgabe nicht mehr richtig gerecht werden. Im Interesse der Sicherung der Leistungsfähigkeit seiner Abteilung, muss der Anteil der kurzfristig fremdbestimmten Tagesarbeit der PMs wieder auf ein normales Maß zurückgeführt werden.

Vorgesetzte müssen bei Überlastung ihrer Produktmanager aktiv eingreifen, denn PMs allein können sich meist nicht aus einer Überforderungssituation befreien. Folgenden Fragen sollte die Führungskraft nachgehen:

Checkfragen bei drohender Überlastung des PM-Teams

- Sind die Aufgaben klar abgegrenzt? Sind die Verantwortlichkeiten zwischen Produktmanagern und den anderen Abteilungen eindeutig geregelt?
- Sind unsere Prozesse vernünftig geregelt, und werden sie von den Mitarbeitern auch verstanden und gelebt?
- Werden meine PMs mit Aufgaben überhäuft, die gar nicht in ihre Zuständigkeit fallen? Wenn ja, welche Abteilungen sind die größten Zeiträuber?
- Kommen Neuproduktaktivitäten auch 'inoffiziell', also an den PMs vorbei ins Unternehmen, die dann oft ungeplante Zusatzarbeiten erfordern?
- Haben wir klare Prioritäten für unsere Entwicklungsprojekte, die wir auch einhalten?
- Gebe ich meinen Produktmanagern ausreichende Rückendeckung gegenüber Forderungen anderer Abteilungen?

Die Führung einer unternehmerisch denkenden und handelnden PM-Abteilung erfordert also ein entsprechendes Führungsverhalten des Vorgesetzten. Jedes Unternehmen bekommt die Produktmanager, die es aufgrund seines Führungssystems verdient.

6. Resümee und Ausblick

Produktmanagement hat heute eine sehr starke Verbreitung erreicht. Nicht zuletzt deshalb, weil es in unsere heutige Zeit immer noch bestens passt. Die Produktvielfalt hat stetig zugenommen und Produktlebenszyklen haben sich verkürzt. Produktmanagement hilft, Strukturen schlank und Abläufe flexibel zu halten.

Checkliste: Unterstützt Ihr Produktmanagement folgende Anforderungen?

▪ mehr Mit-Unternehmertum	⇒ bei entsprechenden Freiräumen kann jeder PM unternehmerisch initiativ wirken
▪ vereinfachen	⇒ klare Produktverantwortungen erleichtern das Management breiter Produktprogramme
▪ schnell und flexibel	⇒ PM-Teams sind flach organisiert. PMs arbeiten vernetzt auf kurzen Wegen. Verkürzt die time to market
▪ auf die Zielgruppe(n) konzentrieren	⇒ jeder PM beschäftigt sich intensiv mit den Belangen seiner Zielgruppe
▪ kreativ und innovativ	⇒ richtig praktiziertes Produktmanagement schafft Freiräume für Innovationen
▪ vernetzt denken und handeln	⇒ Jeder PM knüpft und pflegt seine Beziehungsnetze nach innen und nach außen; Hierarchien verlieren an Bedeutung
▪ Märkte international bearbeiten	⇒ mit Hilfe geeigneter internationaler PM-Strukturen kann auch der Weltmarkt gut bearbeitet werden.

Ihr Produktmanagement wird gut funktionieren, wenn die Unternehmensleitung wirklich hinter dem PM-Konzept steht und wenn die Bereitschaft vorhanden ist, "Unternehmertum" bei den Produktmanagern zuzulassen, ja sogar zu fördern und dafür das hierarchische Denken zurückzunehmen. Das moderne Verständnis vom arbeitsteiligen Unternehmen geht davon aus, dass es in erster Linie um Verantwortungen geht, die jeder an seinem Platz wahrnimmt, und weniger um Hierarchieebenen mit Macht- und Besitzstandsdenken. Nicht ohne Grund sind Hierarchieebenen inzwischen wieder oft abgebaut worden.

Eine Herausforderung für mittelständische Unternehmen sehen wir darin, möglichst qualifizierte Mitarbeiter für das Produktmanagement zu finden, denn die PM-Aufgabe ihrerseits stellt eine große Herausforderung dar. Darum gilt es, gute Produktmanager dort auch längerfristig zu halten, denn seine volle Leistungsfähigkeit wird ein PM erst im Laufe der Zeit entwickeln. Hier empfehlen wir Mut zum Beschreiten neuer Wege, denn die "Schattenseiten" einer PM-Funktion sollten irgendwie kompensiert werden.

Jeder PM wird sich in erster Linie auf "sein Produkt" konzentrieren. Dieses volle Engagement ist erwünscht, es darf aber nicht dazu führen, dass die Identität des Unternehmens dadurch verloren geht. Vor allem mittelständische Unternehmen, die sich auf wenige Teilmärkte konzentrieren, und insbesondere Inhaberunternehmen profitieren von einer klaren "Firmenidentität". Sie macht die Einzigartigkeit des Unternehmens aus. Die Marktpartner spüren dies. Je mehr sich die Werthaltungen, die durch das Verhalten der Mitarbeiter und durch die Firmenkommunikation vermittelt werden, mit den Einstellungen der Marktpartner decken, desto stärker werden diese motiviert sein, mit dem Unternehmen zusammenzuarbeiten. Eine deutliche Firmenidentität stellt einen Wert dar, den es zu erhalten und zu nutzen gilt – auch von den Produktmanagern.

Die Leitung des Produktmanagement hat deshalb die Aufgabe, dafür zu sorgen, dass die einzelnen PMs mit ihren Produktaktivitäten die Firmenidentität so gut wie möglich untermauern und festigen. Dies setzt voraus, dass es gemeinsame Werthaltungen, also eine definierte Firmenkultur, gibt, zu denen sich Inhaber, Geschäftsführung und alle Mitarbeiter bekennen. Die Firmenidentität wird somit zum "gemeinsamen Dach" für die Arbeit aller Produktmanager.

Verwendete und weiterführende Literatur

Albers, S./Hermann, A.	(2007): Handbuch Produktmanagement, 3. Auflage, Wiesbaden 2007
Ansoff, I.	(1966): Corporate Strategy, New York 1966
Backhaus, K.	(2007): Industriegütermarketing, 8. Aufl., München 2007
Becker, J.	(2006): Marketing-Konzeption: Grundlagen des strategischen Marketing-Managements, 8. Aufl., München 2006
Bühner, R.	(2004): Betriebswirtschaftliche Organisationslehre, 10. Aufl., München 2004
Emans, H.	(1987): Lektion für die Strategen, in: Manager Magazin, Nr. 9, S. 262-272
Förster, A./Kreuz, P.	(2007): Different Thinking, München 2007
Gausemeier, J./Ebbesmeyer, P./Kallmeyer, F.	(2001) Produktinnovation, München 2001
Gerhold, D.	(2005): Das Kommunikationsmodell der Transaktionsanalyse, Paderborn, 2005
Glasl, F.	(2008): Konfliktmanagement, 1. Nachdr. 8. Aufl., Stuttgart 2008
Gorchels, L.	(2000) The Product Manager's Handbook, 2. Aufl., Lincolnwood 2000
Handscombe, R.	(1989) The Product Management Handbook, London u.a. 1989
Harrison, T.	(1991): Produkt-Management, Frankfurt a.M. 1991
Hermanns, A./Sauter, M.	(2001) Management-Handbuch Electronic Commerce, 2. Aufl., München 2001

Hofbauer, G./ Schweidler, A. (2006) Professionelles Produktmanagement, Wiesbaden 2000

Homburg, C. (2005): Preismanagement im B2B-Bereich, Mannheim 2005

Kienbaum (2007): Vergütungsstudie 2007, Band 1: Leitende Angestellte 45. Ausgabe, Gummersbach 2007

Koppelmann, U. (2007): Produktmarketing, 6. Aufl., Berlin u.a., 2007

Kotler, P./Bliemel, F. (2007): Marketing-Management, 10. Aufl., Stuttgart 2001

Kreuz, A. (1975): Der Produkt-Manager, Essen 1975

Linnert, P. (1974): Produkt-Manager, Gernsbach 1974

Lippmann, H. (2008): Spitze im Markt mit Produktmanagern, in: RATIO, Nr. 6/2008, S. 13-15

Lippmann, H. (2008): Große Potenzialreserven im technischen Produktmanagement, in: business.wissen, 4.6.2008

Lippmann, H. (2006): Produktmanagement – Marktanteile gewinnen mit Rennpferden oder mit Ackergäulen?, in: Maschinenmarkt, Nr. 49, 2006, S. 38-40

Lippmann, H./Motyka, I. (2008): Produkte und Sortimente erfolgreich managen, 2. Aufl., Sternenfels 2008

Madauss, B. J. (2008): Handbuch Projektmanagement, 7. Aufl., Stuttgart 2008

Marketing Consult (2006): Studie: Karriere- und Qualifizierungswege in das und aus dem Produktmanagement, München 2006

Marketing Consult (2002): So sucht die Wirtschaft Produktmanager, München 2002

Matys, E. (2008): Praxishandbuch Produktmanagement, 4. Aufl., Frankfurt 2008

Meffert, H. (2000): Marketing – Grundlagen marktorientierter Unternehmensführung, 9. Aufl., Wiesbaden 2000

Morse, S. (1998) Successful Product Management, 2. Aufl., London 1998

Nieschlag, R/Dichtl, E./ Hörschgen, H. (2002): Marketing, 19. Aufl., Berlin 2002

Pepels, W. (2006): Produktmanagement, 5. Aufl., München 2006

Porter, M. (2008): Wettbewerbsstrategie, 11. Aufl., Frankfurt a. M. 2008

Porter, M. (2000): Wettbewerbsvorteile. Spitzenleistungen erreichen und behaupten, 6. Aufl., Frankfurt a.M. 2000

Rautenberg, W./Rogoll, R. (2001): Werde, der du werden kannst, Freiburg, 2001

Schlegel, G. (1993) Handwörterbuch der Transaktionsanalyse, Freiburg 1993

Schnauffer, R./Jung, H.-H. (2004): CRM-Entscheidungen richtig treffen, Berlin 2004

Sprenger, R. (2007) Das Prinzip Selbstverantwortung, 12. Aufl., Frankfurt; New York 2007

Stewart, I./Joines, V. (2006): Die Transaktionsanalyse, 8. Aufl., Freiburg 2006

Wild, J. (1982): Product Management, München 1982

Zook, C./Seidensticker, F.-J. (2004): Die Wachstumsformel Vom Kerngeschäft zu neuen Chancen, München 2004

Angaben zu den Autoren

Dr. Herbert J. Lippmann (Diplom-Ökonom), Jahrgang 1949, Studium Betriebswirtschaftslehre/Marketing an der Universität Augsburg, seit 1979 Berater und Trainer mittelständischer Unternehmen für Strategie, Marketing, Organisation und besonders für Produktmanager-Organisationen. Heute geschäftsführender Gesellschafter der Marketing Consult GmbH, München, und Leiter der 12-tägigen Original-Produktmanager-Lehrgänge in Deutschland und Österreich.

Anette Orth (Diplom-Betriebswirtin), Jahrgang 1958, Studium an der Betriebswirtschaftslehre mit Schwerpunkt Marketing an der Fachhochschule München, seit 1982 in der Beratung und als Trainerin tätig; umfangreiche Projekterfahrung im Technologie-orientierten Mittelstand bei allen Fragen mit Marktbezug: Geschäftsfeldplanung, Neuausrichtung der Geschäftsfeldstrategie, marktorientierte Unternehmensorganisation, Aufbau von Business Units, kundenorientierte Prozessgestaltung; Key Account Management und ganz besonders alle Fragestellungen des Produktmanagements; heute gehört sie als Partner zu den Produktmanagement-Spezialisten der Marketing Consult GmbH, München.

Marketing Consult GmbH
Clemensstraße 30, 80803 München
Telefon: +49 89 55297330 • Telefax: +49 89 55297340
www.marketingconsult.de • info@marketingconsult.de